新编**实用化工产品**丛书

丛书主编　李志健
丛书主审　李仲谨

洗涤剂
——配方、工艺及设备

XIDIJI PEIFANG GONGYI JI SHEBEI

王前进　张辰艳　苗宗成　编著

U0248668

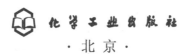

化学工业出版社

·北京·

本书简要介绍了洗涤剂行业的发展情况、洗涤原理、常用生产工艺与设备，洗涤剂的分析、性能与安全评价，相关测试的评价标准与方法等。重点精选了皂类洗涤剂、洗衣粉、液体织物洗涤剂、手部与面部用皮肤洗涤剂、发用洗涤剂、浴用洗涤剂、口腔洗涤剂、宠物洗涤剂、卫浴洗涤剂、厨房洗涤剂、玻璃洗涤剂、地毯毛毯洗涤剂、居家洗涤剂共 13 个应用领域的 200 多个配方，绿色环保，可操作性强。

本书适合从事洗涤剂生产、配方研发、管理的人员使用，同时可供精细化工等专业的师生参考。

图书在版编目（CIP）数据

洗涤剂：配方、工艺及设备/王前进，张辰艳，苗宗成编著. —北京：化学工业出版社，2018.6（2024.3 重印）
（新编实用化工产品丛书）

ISBN 978-7-122-31887-9

Ⅰ.①洗…　Ⅱ.①王…②张…③苗…　Ⅲ.①洗涤剂
Ⅳ.①TQ649.6

中国版本图书馆 CIP 数据核字（2018）第 065411 号

责任编辑：张　艳　刘　军　　　　　　　文字编辑：向　东
责任校对：宋　夏　　　　　　　　　　　装帧设计：王晓宇

出版发行：化学工业出版社（北京市东城区青年湖南街 13 号　邮政编码 100011）
印　　装：北京盛通数码印刷有限公司
710mm×1000mm　1/16　印张 12½　字数 232 千字　2024 年 3 月北京第 1 版第 8 次印刷

购书咨询：010-64518888　　　　　　　　售后服务：010-64518899
网　　址：http://www.cip.com.cn
凡购买本书，如有缺损质量问题，本社销售中心负责调换。

定　　价：48.00 元　　　　　　　　　　　　　　版权所有　违者必究

前言
FOREWORD

"新编实用化工产品丛书"主要按照生产实践用书的模式进行编写。丛书对所涉及的化工产品的门类、理论知识、应用前景进行了概述，同时重点介绍了从生产实践中筛选出的有前景的实用性配方，并较详细地介绍了与其相关的工艺和设备。

该丛书主要面向相关行业的生产和销售人员，对相关专业的在校学生、教师也具有一定的参考价值。

该丛书由李志健担任主编，余丽丽、王前进、杨保宏担任副主编，李仲谨任主审，参编单位有西安医学院、陕西科技大学、陕西省石油化工研究设计院、西北工业大学、西京学院、西安工程大学、西安市蕾铭化工科技有限公司、陕西能源职业技术学院。参编作者均为在相关企业或高校从事多年生产和研究的一线中青年专家学者。

作为丛书分册之一，本书阐述了洗涤剂行业的发展情况、洗涤原理、常用生产工艺与设备，洗涤剂的分析、性能与安全评价，相关测试的评价标准与方法等，精选了衣物用液体洗涤剂、皮肤洗涤剂、卫浴洗涤剂等13个应用领域的200多个配方。读者可以从洗涤剂的基本原理、使用要求出发，借鉴这些配方，选择适当原料，开发出满足市场需求、具有一定功能性和针对性的洗涤剂配方，并通过对配方调整优化，获得满意的使用效果。另外，本书最后给出了洗涤剂常用原料的参考生产厂家、常用表面活性剂的HLB值、部分表面活性剂的毒理性和生物降解特性3个相关附录供读者参考。

本书共分5章。其中，第1、2、5章由王前进（陕西能源职业技术学院）编写；第3章由苗宗成（西京学院）编写；第4章由张辰艳（西北工业大学）编写。全书最后由王前进和李仲谨（陕西科技大学）统稿和审阅定稿。

本书在编写过程中得到了陕西能源职业技术学院领导、化学工程系各位老师的帮助，在洗涤剂产品配方筛选、审核、编排过程中得到了陕西省石油化工研究设计院荧光增白剂专家张存社高级工程师、沈寒晰工程师、南蓉工程师、杀菌防腐剂专家李程碑高级工程师、消泡剂专家成西涛博士的帮助，在此一并表示诚挚的感谢！

由于作者水平所限，书中难免有不妥之处，恳请读者提出意见，以便完善。

编著者

2018 年 5 月

目录
CONTENTS

第 **1** 章
概　述

1.1　洗涤剂的定义与分类

1.1.1　洗涤剂的定义

　　洗涤剂是指洗涤物体时，能改变水的表面活性，提高去污效果的一类物质。通常意义上，洗涤剂泛指用于清洗各种物体和人体等的制剂，如洗衣剂、餐具洗涤剂、厨卫清洗剂和洗发香波等，最常见者为香皂、肥皂、洗衣粉和液体洗衣剂。根据国际表面活性剂会议（C. I. D.）定义，所谓洗涤剂，是以易去污为目的而设计配合的制品，由必需的活性成分和辅助成分构成。作为活性成分的是表面活性剂，作为辅助成分的有助剂、抗沉淀剂、酶、填充剂等，其作用是增强和提高洗涤剂的各种效果。

1.1.2　洗涤剂的分类

　　一般情况下，洗涤剂包括肥皂和合成洗涤剂两大类。

1.1.2.1　肥皂

　　肥皂是至少含有 8 个碳原子的脂肪酸或混合脂肪酸的碱性盐类（无机的或有机的）的总称。

　　肥皂从广义上讲，是油脂、蜡、松香或脂肪酸与有机或无机碱进行皂化或中和所得的产物。油脂、蜡、松香与碱的作用，实质上是脂肪酸酯或脂肪酸与碱发生反应，因此肥皂是脂肪酸盐，结构简式为 RCOOM。式中，R 为烃基；M 为金属离子或有机碱类。只有碳数在 8～22 的脂肪酸碱金属盐才有具有洗涤效果；8 个碳原子数以下的脂肪酸及其碱金属盐在水中溶解度太大，且表面活性差；大于 22 个碳原子数的脂肪酸盐类难溶于水，两者均不适宜制作肥皂。

肥皂的分类一般可以按照肥皂的用途和组成的金属离子来分，也可以按照形态和制造方法来分。根据肥皂阳离子的不同，可进行如图 1-1 所示的分类。

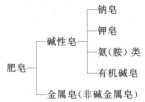

图 1-1 肥皂的分类

实际上，用于洗涤的块状肥皂是碳数为 12～18 的脂肪酸钠盐，又称为钠皂；也有一些肥皂是脂肪酸钾盐，称为钾皂。由于钾皂比钠皂软，习惯称钠皂为硬皂，钾皂为软皂。

氨（胺）类，如氨、单乙醇胺、二乙醇胺、三乙醇胺等也可与脂肪酸作用，制成铵皂或有机碱皂，这类肥皂一般用于干洗皂、液洗皂、纺织用皂、化妆品、家用洗涤剂及擦亮剂等。

脂肪酸的碱土金属及重金属盐均不溶于水，也没有洗涤作用，称为金属皂。金属皂主要用于制造擦亮剂、油墨、油漆、织物的防水剂、润滑油的增稠剂、塑料稳定剂、化妆品粉剂、橡胶添加剂等。

肥皂根据用途可以分为家用和工业用皂两类，家用皂又可以分为洗衣皂、香皂、特种皂等；工业用皂则主要指纤维用皂。

① 香皂：如一般香皂、儿童香皂、富脂皂、美容皂、药物香皂及液体香皂等。

② 洗衣皂：不同规格的洗衣皂、抗硬水皂、增白皂、皂粉及液体洗衣皂等。

③ 其他：如工业用皂、药皂、软皂等。

此外，也可以按照肥皂的制造方法、油脂原料、脂肪酸原料、产品形状等分类。

按制造方法分类，有热皂法、半热皂法、冷皂法。

按形态分类，有块皂、液体皂、皂粉、皂片、半纹皂、透明皂、半透明皂等。

按活性物的组成分类，有一般肥皂、复合皂等。

1.1.2.2　合成洗涤剂

合成洗涤剂是近代化学工业发展的产物，起源于表面活性剂的开发，是指以合成表面活性剂为活性组分和各种助剂、辅助剂配制而成的一种洗涤剂。

合成洗涤剂主要按产品的外观形态和用途分类。按产品外观形态洗涤剂可分为固体洗涤剂、液体洗涤剂。固体洗涤剂产量最大，习惯上称为洗衣粉，包括细粉状、颗粒状和空心颗粒状等，也有制成块状的；液体洗涤剂近年发展较快；还有介于二者之间的膏状洗涤剂，也称洗衣膏。按产品用途洗涤剂可分为民用和工业用洗涤剂（图 1-2）。民用洗涤剂是指家庭日常生活中所用的洗涤剂，如洗涤衣物、盥洗人体及厨房用洗涤剂等；工业用洗涤剂则主要是指工业生产中所用的洗涤剂，如纺织工业用洗涤剂和机械工业用的清洗剂等。此外，还可按表面活性剂被微生物降解程度分为硬性洗涤剂和软性洗涤剂；按泡沫高低分为高泡型、抑泡型、低泡型和无泡型洗涤剂；按表面活性剂种类多少分为单一型和复配型洗涤剂。

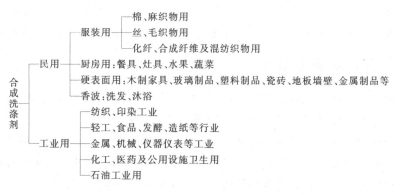

图 1-2 合成洗涤剂的分类

除将肥皂及合成洗涤剂分为民用及工业用外，也可将洗涤剂分为个人护理用品、家庭护理用品、工业级公共设施用品等。个人护理用品主要有洗发香波、沐浴液、香皂、药皂、洗手液、洗面奶等。家庭护理用品主要包括洗衣粉、洗衣皂、洗衣膏、液体织物洗涤剂、织物调理剂等各种织物专用洗涤剂，以及厨房、卫生间、居室等各种清洗剂。工业及公共设施洗涤剂主要有交通运输设备、工农业生产过程和装置、场所的专用清洗剂，包括工艺用洗涤剂和非工艺用洗涤剂（工业洗涤剂）；以及宾馆、医院、洗衣房、剧场、办公楼和公共场所用具的专用清洗剂（即公共设施洗涤剂）。公共设施洗涤剂是适应人类生活社会化，从家用洗涤剂分化出来的一类洗涤剂，用于公共设施及社会化清洁服务，洗涤过程一般由专职人员来承担。

按产品配方组成及洗涤对象不同，合成洗涤剂又可分为重役型洗涤剂和轻役型洗涤剂两种。重役型（又称重垢型）洗涤剂是指产品配方中活性物质含量高，或含有大量多种助剂，用于除去较难洗涤污垢的洗涤剂，如棉或纤维质地污染较重的衣料。轻役型（又称轻垢型）洗涤剂含较少助剂或不加助剂。

按产品状态，合成洗涤剂又分为粉状洗涤剂、液体洗涤剂、块状洗涤剂、粒状洗涤剂、膏状洗涤剂及气溶胶洗涤剂等。

1.2 洗涤剂的发展历程

洗涤剂是以各种表面活性剂和多种助剂复配而成的洗涤用品。从其历史发展阶段来看，洗涤剂经历了几个大的飞跃。

① 从有记载的人类文明开始至合成化学工业的出现是天然洗涤剂阶段；

② 随着化学工业的发展，合成洗涤剂显示了优良的性能，易生产且价格便宜，在众多洗涤剂中，它一跃成为主流；

③ 随着人们对环境保护和个人自身保护意识增强，对洗涤用品提出了无刺激、无毒，生物降解迅速、彻底，配伍性能优良的要求，能满足上述要求的由天然表面活性剂配制而成的新型洗涤剂更受市场欢迎，表现出广阔的应用前景。

1.2.1　天然洗涤剂阶段

早在几千年前，我国古代劳动人民就开始利用天然洗涤剂（表 1-1），如：草木灰、淘米水、皂荚、茶籽饼、无患子、澡豆、胰子等。

在无机物使用方面。最早是利用草木灰中的碳酸钾来洗掉衣帽上的油污。后来发现，贝壳烧成的灰（氧化钙）和栏灰（碳酸钾）的水溶液（氢氧化钾）不仅清除油污的能力强，还能使木质纤维胶化，增加光泽和强度。接着，人们又发现了天然纯碱（碳酸钠），并将其用于衣物的清洗。

在天然植物使用方面。皂角中含有皂苷，在水中能产生大量而持久的泡沫，有很强的去垢性能，它不仅可以用来洗衣物，还可以洗发，作浴水治疗皮肤病，所以深受人们的喜爱。除此之外，鞑靼人利用石竹科剪秋罗属植物的浸出液，叙利亚人用王不留行根的浸出液，我国和日本还用无患子果皮的浸出液作洗涤剂。

在动物使用方面。胰子是以动物胰脏为主要原料制成的高级洗涤剂，它是用洗净污血并除去脂肪的猪胰，研磨成糊状，再加上香料和碱，和成汤圆大小的团状。胰子中含有多种消化酶，可以分解脂肪、蛋白质等，所以它还可以除去奶迹、血迹、蛋迹等。此外，由于酶（特别是胰岛素）的作用，胰子还可滋润皮肤，避免皱裂，起抗皱美容的作用。

表 1-1　天然洗涤剂的种类、成分与作用

种类	成分	作用
草木灰	碳酸钾	衣物去污
栏木灰与贝壳灰	碳酸钾与氧化钙遇水生成氢氧化钾	衣物洗涤，与油脂作用生成钾皂
石碱	碳酸钠	衣物去污
皂荚	皂苷	洗涤衣物,洗发,治疗皮肤病
澡豆	猪胰腺消化酶、皂苷、卵磷脂	人体污垢去除、滋润皮肤
胰子	猪胰腺消化酶、碳酸钠、猪脂等	人体污垢去除、滋润皮肤,澡豆的改进

1.2.2　合成洗涤剂阶段

随着油脂工业的发展，17 世纪末出现了肥皂，它是最早由工业化生产的洗涤剂。肥皂虽然具有显著的去污力，但是肥皂能与硬水中的钙、镁离子结合，生成不溶性的钙皂和镁皂，而失去洗涤能力，并且会在织物上残留钙皂和镁皂，从

而影响染色，还能使织物泛黄、变灰，因此肥皂不能在硬水中使用。此外，酸性溶液也会使肥皂分解成脂肪酸和盐。

1925年，德国波美化学厂生产了酯化油。1930年欧洲出现了能耐硬水、强碱，具有高度净洗能力的洗涤剂——迦定诺尔（Gondinal）。第二次世界大战前夕，Fischer Torpsch又合成了洗涤剂提波尔（Teepol）。随着高压氢化技术的发展，脂肪酸还原成脂肪醇的方法获得成功，制成了脂肪醇硫酸钠，德国Henkel公司和美国P&G公司相继于1932年和1933年生产此类产品。

1941年，采用石油气中的丙烯为原料，经四聚和苯缩合制成十二烷基苯，再经发烟硫酸磺化、烧碱中和而制成了烷基苯基磺酸钠（alkyl benzene sulfonate，ABS）。至此，合成洗涤剂取得了很大的发展，并逐渐取代了肥皂。因ABS不能被污水中天然存在的微生物完全降解，1952年英国发生了表面活性剂污染水体的问题，稍后几年其他国家也发现了这种问题。20世纪60年代中后期，可以被生物降解的直链烷基苯磺酸钠（linear alkyl benzene sulfonate，LAS）几乎完全替代了ABS。20世纪70～80年代，脂肪醇聚氧乙烯醚（AEO）生产成本下降，使非离子表面活性剂不论在产量还是品种方面都有较大发展，在工业上的用途日益广泛。AEO作为复配表面活性剂已广泛应用于洗涤剂生产。

当今，随着洗涤剂功能的不断扩展，越来越多种类的表面活性剂应用于洗涤剂生产，如绿色、温和、无毒的新型非离子表面活性剂烷基糖苷（APG）；表面活性好，易聚集生成胶束，协同性能优秀的双子型（gemini）表面活性剂；具有良好降解性能，可替代现有纺织软片、软精油用阳离子表面活性剂的酯基阳离子表面活性剂等等。

随着人们生活水平的提高，国内洗涤剂产量不断增加。表1-2列出了各年我国合成洗涤剂产量的变化数据。从数据来看，自2001年到2015年，我国合成洗涤剂产量从311.56万吨/a增长到1264.4万吨/a，增长了3.06倍。

表1-2　各年我国合成洗涤剂产量统计

年份	2001	2005	2010	2015
产量/万吨	311.56	494.43	730.07	1264.4

注：数据来自国家统计局和中国洗协网。

表1-3列出了2010～2014年我国洗涤剂的产量和结构变化。可以发现，自2010年以来，中国合成洗涤剂产量继续保持稳步增长的态势，产量均高于700万吨/a。同时，2012年至2014年，我国合成洗涤剂产量的增长率整体保持上行态势，由2010年的5.36%逐步上涨至2014年的19.34%。2014年合成洗涤剂产量增长率是近五年来增长速度最快的一年，产量达到1228.68万吨。同时数据显示，洗衣粉所占合成洗涤剂的比例从53.78%降低到38.10%，相反，液体洗涤剂的比例从46.22%增长到61.90%。

表 1-3 2010～2014 年我国洗涤剂的产量和结构

年份	项目	洗衣粉	液体洗涤剂	合成洗涤剂小计	皂类	洗涤剂总计
2010	产量/万吨	392.62	337.45	730.07	96.68	826.75
2011	产量/万吨	373.58	477.55	851.13	83.00	934.13
	同比增长/%	−4.85	41.52	16.58	−14.15	12.99
2012	产量/万吨	420.96	466.71	887.67	85.00	972.67
	同比增长/%	12.68	−2.27	4.29	2.41	4.13
2013	产量/万吨	448.37	581.42	1029.79	88.2	1117.99
	同比增长/%	6.51	24.58	16.01	3.76	14.94
2014	产量/万吨	468.26	760.64	1228.90	90.00	1318.90
	同比增长/%	4.44	30.82	19.34	2.04	17.97

注：数据来自国家统计局和中国洗协网。

目前，我国已实现衣食住行的基本满足，但发展型、享受型的消费空间还很大。消费者从洗涤用品中获得洁净、健康已经成为时尚。这种新型的产品理念要求减少化学添加，免用荧光增白剂，速溶兼柔护，温和无刺激，洗后无残留，而且融合洗衣液留香效果的优点，能真正满足现代消费者的时尚需求。

1.3 洗涤剂的发展

1.3.1 现阶段洗涤剂存在的问题

经济的发展、技术的创新、环境保护要求的提高和人口的增长都促使着洗涤剂的发展。而这些集中表现为一个巨大的驱动力——消费者的需求。全球洗涤剂的发展特点：一是迅速，二是不均衡。在西班牙，73%的消费者认为有许多污垢不能在常规条件下洗掉；在美国，有90%的消费者认为在洗涤中遇到困难。另外，在增加和延长纤维和被洗涤表面，使洗涤过程更简易、轻松方面，还有很大改进的空间。总的来说，虽然洗涤剂发展迅速，但其还存在着如下问题。

(1) 产品结构不尽合理，产品质量趋于低档化 我国浓缩洗衣粉目前只占洗衣粉总量的4%左右，绝大多数仍以普通洗衣粉为主，含有较多的非有效化学成分，既浪费资源又增加消耗，影响产品性能；肥皂受进口原料价格影响较大，原料价格波动对肥皂影响很大；产品区域低档化，过分依赖价格竞争和规模扩张，产品附加值不高；符合低碳经济的浓缩型洗涤剂，特别是浓缩型液体洗涤剂占整个洗涤用品总量的比例很小。

(2) 低价竞争造成企业发展困难 经过反复的价格大战，洗涤剂行业终端产品的价格已经基本降至底线，整个行业进入了微利时代。低价竞争导致企业在新产品及技术开发、市场调研、产品推广等方面的投入不足。长此以往，洗涤剂用品行业以及企业的发展必然会受到限制，破坏产业的价值链，不利于行业健康持续发展。

（3）技术创新能力有待进一步提升　虽然国内规模较大的企业逐渐开始重视科技创新的投入，加大新技术、新产品的研发力度，但投入仍然不足，新成果的产业化率低；新产品产值占总产值比重低，市场上一些特殊功能的原料还主要依赖跨国公司的产品。创新能力不足限制了我国洗涤用品行业持续发展的能力。

（4）产能过剩，低水平重复建设严重　据行业调查，2009年我国洗衣粉高塔喷粉装置生产能力已逾700万吨，而目前我国洗衣粉的生产量仅为393万吨，像这样严重的产能过剩现象在肥皂、油脂化工等行业均存在。这制约了行业产品结构调整的步伐，加剧了市场竞争，造成了严重的资源浪费，同时严重影响产品价格的合理性和产品质量的稳定性。

（5）功能型表面活性剂短缺　我国化学工业经过数十年发展，已经实现了大宗表面活性剂的国产化，能够满足行业的基本需求，但仍缺少技术含量高、产品质量高、性价比高以及具有特殊功能的表面活性剂新品种，我国可生产的表面活性剂品种不到世界已有品种的40%。如欧美市场的液体洗涤剂配方中常用的脂肪酸甲酯乙氧基化合物（FMEE）及其磺化盐（FMES）等，国内仍然无法产业化生产，因此"十三五"期间要实现我国洗涤剂的发展，必须加大功能性表面活性剂的研究与开发力度。

（6）节能减排任务艰巨　洗涤用品的节能减排压力体现在两方面：一是由于产品结构的不尽合理，洗涤产品以普通粉状产品为主，产品有效物含量低，直接导致生产过程、流通以及消费环节中的无效能耗和物耗，而产品结构的调整又受到生产工艺和装备的技术水平以及原料品种的制约。二是表面活性剂中间体和产品工艺技术和工程化水平不高，如大多数生产工艺均为间歇式操作，反应的动力及热能消耗相对较高。表面活性剂生产领域的生态循环与经济发展矛盾依然突出，对清洁生产工艺开发不足，资源利用效率及合理性有待于进一步改善，节能降耗减排尚不充分。

1.3.2　洗涤剂的发展趋势

（1）浓缩化　浓缩化是当今洗涤剂研究和市场开发的重要趋势之一。浓缩产品的显著优点是高的活性物含量，与此同时，也具有节省能源，节省包装材料，降低运输成本，以及减少仓储空间的优点。近年来，市场上的浓缩洗衣粉、超浓缩液洗剂、浓缩餐具洗涤剂、浓缩织物柔软剂不断涌现，而且发展较快，随着对环境问题的日益关注，消费者也逐渐认识到浓缩产品的原料、包装材料用量少（可节约包装材料40%～50%），对环境的排放较少，有利于环境保护。因而，也有越来越多的消费者开始接受浓缩产品。目前，美国的浓缩液体洗涤剂已占到洗涤剂总量的80%；日本的浓缩洗衣粉已经占到洗衣粉总量的95%以上；欧洲的浓缩洗衣粉占有率达到 40%。

为推进中国浓缩洗涤剂发展，2009 年 7 月 16 日，中国洗涤用品工业协会（以下简称"协会"）在北京长城饭店召开新闻发布会，宣布正式启动中国洗衣粉浓缩化进程。协会还宣布，为推进洗衣粉浓缩化进程，在国内开始推行"浓缩洗衣粉标志"，首批 8 家洗涤用品行业的龙头骨干企业获得了"浓缩洗衣粉标志"。2012 年 9 月 29 日，中国洗涤用品工业协会与家乐福（中国）在家乐福北京中关村店联合举行了主题为"绿色生活，有你有我"的浓缩洗涤剂推广新闻发布会，双方携手在全国范围内大力推广使用浓缩洗涤剂，启用了新的浓缩洗涤剂标志。新标志包括"浓缩洗衣粉标志"和"浓缩洗衣液标志"，将发展迅速的洗衣液也作为浓缩化进程的推进对象。然而，直到 2013 年，中国的浓缩洗衣粉仅为洗衣粉总量的 4%。因此，与发达国家相比，中国浓缩洗涤剂的发展还需要努力。

（2）安全化　洗涤剂的安全涉及对人体的安全和对环境的安全。洗涤剂的基本成分是表面活性剂和助剂。由于洗涤剂使用广泛，因此其残留有可能直接或间接地对人体健康产生影响。洗涤剂中表面活性物质及添加剂含量各不相同，洗涤剂使用主要是溶于水，在污水中洗涤剂的生物学效应更为复杂，除组成洗涤剂各种化学物质本身的固有毒性外，还有经生物降解或代谢后的产物对生物的毒害效应。此外，各化学物质之间还有增强作用、协同作用和拮抗作用。因此，洗涤剂对人体的刺激性与安全性是洗涤剂需要控制的重要指标，每个新产品须经过毒性和皮肤刺激性试验。为取得温和效果，各生产厂商都采用了低刺激、对人体温和的表面活性剂来降低洗涤剂对皮肤的刺激性，降低配方的酸碱性来提高产品的安全性，天然成分、草药成分的使用也满足了消费者对产品安全性的需求。如近年来关于液体洗涤剂中联苯乙烯类荧光增白剂、洗发水中微量二噁烷对人体健康影响的大范围讨论，美国食品药品监督管理局（FDA）将禁售含有三氯生、三氯卡班、苯酚等 19 种活性成分的香皂。可见，洗涤剂对人体安全性的要求将不断提高，可以预见，以后的洗涤剂新产品将越来越重视原料与配方对人体的安全。

随着对环境保护的重视，各国越来越关注洗涤剂对环境的影响，并制定法律法规来限制洗涤剂对生态环境的最终影响。由国家环保部牵头，洗涤用品行业已制定出行业的清洁生产标准，并逐步推广。表面活性剂是洗涤剂中最重要的组成，其生物降解性及降解产物的安全性直接关系到洗涤剂的生态环境，不易降解的表面活性剂受到了严格限制。例如，双长链烷基二甲基季铵盐虽然有很好的杀菌功能、柔软功能，但其生物降解性差。20 世纪 90 年代以来，随着双长链烷基二甲基季铵盐缺点的暴露，以及欧洲、美国等国家和地区对这种阳离子表面活性剂的使用实施禁令，新一代环境友好的酯基季铵盐，特别是双烷基酯基季铵盐取得了长足的发展。在欧洲市场，酯基季铵盐已经取代了原来稳定的双长链烷基二甲基季铵盐，该事件被认为是继直链 ABS（LAS）代替支链 ABS 之后的表面活性剂历史上第二大事件。近年来，我国酯基季铵盐的用量也在快速增长，一大批新兴的以酯基表面活性剂为主产品的公司正在快速成长。

（3）高效化　筛选更加高效的表面活性剂，并对洗涤剂配方进行优化，开发出高效的洗涤剂是洗涤剂发展的方向之一。因为，高效的洗涤剂可使洗涤剂的用量减少，从而直接减少洗涤剂生产所消耗的资源与能量，更少的表面活性剂对环境产生的富营养化、降解过程的生态压力也随之减少。如基于天然原料开发的 α-磺基脂肪酸甲酯钠（MES），性能温和、毒性低、配伍性强，达到相同的去污力所使用的 MES 量仅为烷基苯磺酸钠（LAS）的 30%，在硬水和无磷的条件下，MES 的去污能力远高于 LAS。因此，在相同的配方中，使用 MES 的量更小，其对环境产生的压力也更小。

（4）功能化　目前，虽然市场上通用型产品越来越少，但一剂多功能的产品还是受到广泛的关注。这主要是在保证产品原有功能的基础上，附加其他的辅助功能，以加强产品的应用性。最常见的是在净洗基础上增加柔软性，使洗后织物具有手感柔软、抗静电性的功能。这类产品有纺织柔软洗涤剂、地毯柔软洗涤剂以及二合一香波等。另一个常见的功能是漂白作用，漂白能提高洗涤剂去污力，并具有消毒作用。这类产品有漂白洗涤剂、消毒洗涤剂等。

（5）专业化　虽然全功能清洁剂可用于各种清洁用途，但通用型产品，由于考虑到清洁工作及清洗对象的共性，其清洗作用反而变差，故将洗涤剂发展成为对某一物体具有更好洗净力的专一性产品，是洗涤剂发展到一定阶段的必然要求，也符合洗涤剂市场的需求。据统计，美国洗涤剂商品牌号多达 5 万多个。

家用洗涤剂的发展最能体现产品的专业化。织物洗涤剂最早只有洗衣粉，现在不仅有轻、重垢洗衣粉，洗衣液，还发展了衣领去污剂、漂白剂、柔软剂、干洗剂、消毒杀菌剂等专用洗涤或养护产品。针对衣物质地的不同，也出现了丝绸、羊毛衫、棉麻专用洗涤剂等专业化产品。针对婴儿、儿童、妇女等不同人群，开发出具有针对性的洗涤剂。居室清洁剂以前很鲜见，但现在出现了各种地毯清洁剂、玻璃清洁剂、家具上光剂、空气清新剂、马桶清洁剂、浴室清洁剂、地面清洁剂、壁纸清洁剂等。厨房清洁剂则从手用餐具洗涤剂发展到机用餐具洗涤剂，抽油烟机清洁剂、下水道疏通剂、玻璃杯清洁剂、除垢剂等。在今后一段时间，洗涤剂还将继续朝着更专业化的方向发展，出现更多新的产品。

（6）绿色化　随着对环境保护的重视，各国越来越关注洗涤剂对环境的影响，并制定法律法规来限制洗涤剂对生态的最终影响。洗涤剂的绿色化趋势有以下三点。

① 无磷化。磷可使江、河、湖水体富营养化，导致水草滋生，并可造成鱼

虾死亡、赤潮等。各国从 20 世纪 60 年代开始就给予了极大的关注。我国从 1997 年开始，逐步在北京密云水库、滇池、太湖地区、浙江实施了限制措施，禁止使用含磷洗涤剂。1999 年以来，大连、厦门、三峡库区、广东等地区也相继出台了禁用含磷洗涤剂的法规。禁磷、限磷是一个大的趋势，如何解决磷的代用品问题则是一个实施的关键步骤。

过去的 10 年里，三聚磷酸钠（STPP）或其他磷酸盐仍是很多家用清洗剂的主要配方成分。磷酸盐对表面活性剂去除油污和其他污垢具有非常重要的作用，但它们本身很难从废水中脱除，从而流向湖泊和河流，引起水质的富营养化，导致水藻疯长。仅用沸石替代 STPP 的方法已被证实并不是十分有效，但是科学家们在配方中加入一定量的柠檬酸钠和硅酸钠后，可以使无磷洗涤剂配方的去污力基本接近含磷洗涤剂的配方。然而，并非所有洗涤领域的磷酸盐均可被替代。自动洗碗机专用洗涤剂磷酸盐的含量虽然很少，但其是真正能够提高洗涤效率的关键组分，而目前洗涤剂厂商尚未找到磷酸盐的有效替代品。这导致 2010 年 7 月美国在自动洗碗机洗涤剂中禁用磷酸盐后，自动洗碗机用洗涤剂的销量锐减。可见，洗涤剂中磷酸盐的替代仍是一个急需解决的技术难题。

② 表面活性剂生物降解。表面活性剂是洗涤剂中最重要的组分，其生物降解性及降解产物的安全性，直接关系到洗涤剂的生态影响。不易降解的支链烷基苯磺酸已基本完成了历史使命，烷基酚聚氧乙烯醚的使用也受到了严格限制。在西欧，卤化双十八烷基二甲基铵也受到了限制。开发和使用性能优越、生态友好的表面活性剂成了表面活性剂和洗涤剂生产商的生态责任。从现有市场看，使用可再生动植物资源，生产可降解表面活性剂将是表面活性剂的发展趋势。

③ 以氧代氯。含氯漂白消毒剂是良好的辅助剂，价格也便宜，但氯漂白剂对水体动植物有较大的影响，同时使用上也较为严格。使用性能更加温和，生态更加安全的氧漂剂过碳酸钠、过硼酸钠等替代含氯漂白剂是洗涤辅助剂的一个发展趋势。

第**2**章
洗涤剂原理

为了解洗涤剂的去污原理，必须了解污垢的种类和性质。一般认为污垢就是黏附在不同织物或不同固体上的油脂及其黏附物。污垢的种类很多，其成分也很复杂，大致可分为固体污垢、油质（液体）污垢两大类。

2.1　污垢的种类与性质

2.1.1　固体污垢

固体污垢可分为不溶性和可溶性两种。不溶性固体污垢有烟灰、炭黑、皮屑、皮肤分泌物（包括油脂、脂肪酸、蛋白质等）、浆汁、血渍、油墨、茶叶、圆珠笔油、墨水、棉短绒、金属粉末等。可溶性污垢有空气中散落的灰尘、泥土、果汁、尿、糖、盐、淀粉、有机酸等，其中有些可溶性的污垢能与织物起化学反应，形成"色斑""色渍"而变成难溶性污垢。

可溶性污垢多数可溶于水，一般经洗涤及机械作用后便可溶于水中而被洗去。不溶性污垢溶于水后需通过洗涤剂和机械作用才能除去，个别的还要通过特殊方法，如溶剂溶解、氧化漂白、还原漂白等才能除去。

2.1.2　油质污垢

油质污垢多数为动植物油脂、矿物油脂、脂肪酸、脂肪醇、胆固醇及其氧化物等，这类污垢绝大多数是油溶性的，有些污垢还黏附各种固体污垢，液体、半固体和膏状污垢。这些污垢中，动、植物油脂可以被皂化，而脂肪醇、胆固醇及矿物油脂则不能被皂化。因为它们的表面张力较低，与被沾污物的黏附牢度较好，但可以溶于醚类、醇类及烃类等有机溶剂中，也可被洗涤剂的水溶液乳化和分散。

上述污垢有单独存在，也有相互黏结成为一种复合体而共存的，这种共存的污垢则较难处理。这种复合体污垢长期暴露在空气中，受外界条件的影响还会氧化分解，或受微生物作用而被破坏，产生更为复杂的化合物。

污垢在固体表面上的沾污有内因和外因两方面因素。内因是人体的分泌物，如汗渍、皮屑、油脂、蛋白质等；外因是周围环境所分散或飞扬的尘土、泥土、有机酸雾等，如油漆工人工作服上会沾污各种油漆和有机溶剂，食堂工作人员的工作服上会沾污各种油脂、菜汁等；金属材料上的污垢，主要是防锈及金属加工处理时使用的各种切屑、防锈油脂，以及飘浮在空气中的各种粉尘、金属粉末等。

污垢的黏附也有几种情况，一种是机械性沾污，主要指固体污垢。当固体污垢散落在空气中时，由于空气流动而将固体污垢散落在固体物体表面，如织物表面或纤维之间。微细的污垢与织物直接摩擦，机械性地黏附在织物的孔隙中。这种污垢用震荡或搓洗等机械方法便可去除，但颗粒小于 0.1nm 的细小粒子在纤维的孔道中就难以去除，只有依靠洗涤剂的润湿作用，将污垢从纤维孔道中顶出来。另一种黏附是通过范德华作用，使污垢附着在织物表面，特别是纤维织物与污垢所带电荷不同时，黏附更为剧烈。因此，液体污垢、固体污垢在固体表面或织物上的黏附主要是范德华力作用的结果，其次是静电间的引力。例如：棉纤维在中性或碱性溶液中一般带负电荷，常见的污垢在水中也带负电荷，而有些污垢带正电荷（炭黑、氧化铁等）。在水中含有钙、镁、铁、铝等盐类时，带电性的纤维能够通过这些金属离子的桥梁作用，强烈吸附带电荷的污垢，所以在有钙盐、镁盐存在时，污垢在织物上的黏附特别牢固。

果汁、墨水、单宁、血迹、铁锈等都能在织物上黏附并生成稳定的"色斑""色渍"，成为化学结合，这些污垢一般需要用特殊的方法或特殊洗涤剂方能去除。脂肪酸、蛋白质、极性黏土等，能够与面纤维的羟基形成氢键结合，成为化学吸附。化学吸附的污垢比化学结合的污垢容易去除。

除以上几种污垢的沾污情况外，沾污还与固体污垢的状态、织物的种类、织物的组织状况等因素有关，它们将影响污垢的黏附程度和清洗的难易。例如，在棉织物中，由于构成棉织物的葡萄糖苷键，葡萄糖环上有羟基，能吸水，有毛细管效应并能在水中膨化，对极性污垢的吸附力较强，而对非极性污垢的吸附力较弱。由于羊毛纤维表面有一层鳞片的覆盖，可以防止污垢渗入纤维，所以羊毛织物对污垢的吸附性较差，但如果羊毛织物在前处理时受浓碱、温度和机械作用的影响而使鳞片受到破坏，则羊毛较容易沾污，而且不易清洗。羊毛的吸水性较强，羊毛纤维的分子间引力也比棉纤维大，吸附的污垢也比棉纤维多。化学纤维中的黏胶纤维，其性质与棉纤维相似，虽吸水性强，但它的纤维表面光滑，不易沾污，沾污后也较棉纤维容易净洗。化学纤维中的合成纤维，如涤纶、腈纶、锦纶、维纶、氨纶、氯纶等，都是以石油化工产品为原料制得的，其中除维纶的吸湿性较大外，其余的吸湿性没有棉纤维大，而且纤维表面较光滑，所以不容易沾污，但一旦沾污，污垢进入纤维内部，清洗也就较为困难了。

总之，各种污垢与固体表面发生的界面作用是不相同的。因此，污垢的去除机理也不相同。对于洗涤剂来说，也很难以一种完整的综合性理论来解释不同污垢的去除作用。

2.2 污垢的去除

2.2.1 固体污垢的去除

液体污垢的去除主要依靠表面活性剂对固体表面的润湿。固体污垢的去除原理则与此有些不同，主要是由于固体污垢在固体表面的黏附性质不同。固体污垢在固体表面的黏附不同于液体污垢那样铺展，往往仅在较少的一点与固体表面接触、黏附。固体污垢的黏附主要依靠范德华力，静电作用力较弱。固体污垢的微粒在固体表面的黏附程度一般随时间的增长而增强，潮湿空气中较干燥空气中的黏附强度高，水中的黏附强度又较空气中低。在洗涤过程中，首先是洗涤剂溶液对污垢微粒和固体表面的润湿，在水介质中，在固-液界面上形成扩散双电层，由于固体污垢和固体表面所带电荷性质的电性一般相同，两者之间发生排斥作用，使黏附强度减弱。在液体中固体污垢微粒在固体表面的黏附功计算如下：

$$W_a = \gamma_{s_1 w} + \gamma_{s_2 w} - \gamma_{s_1 s_2} \tag{2-1}$$

式中　W_a——污垢微粒在固体表面的黏附功；

$\gamma_{s_1 w}$——固体-水溶液的界面自由能；

$\gamma_{s_2 w}$——微粒-水溶液的表面自由能；

$\gamma_{s_1 s_2}$——固体-微粒界面上的界面自由能。

若溶液中的表面活性剂在固体和微粒的固液界面上吸附，那么 $\gamma_{s_1 w}$ 和 $\gamma_{s_2 w}$ 势必降低，于是 W_a 变小。可见，由于表面活性剂的吸附，微粒在固体表面的黏附功降低，固体微粒易于从固体表面去除。其原因在于表面活性剂在固液表面吸附，形成双电层，而大多数污垢是矿物质，它们在水中带有负电荷，固体表面也都呈现负电性，由于静电排斥的作用，污垢和固体表面之间的黏附功减小，甚至完全消失，导致污垢易于被去除。另外，水还能使固体污垢膨胀，进一步降低污垢微粒与固体表面的相互作用，从而有利于污垢的去除。若在洗涤时施加外力，使其在强大的机械运动和液体冲击下，则更有利于使污垢微粒从固体表面去除。

洗涤剂的去污能力与洗涤剂中活性物的成分和外界条件，如温度、酸碱度、浓度以及机械作用的强弱等因素有关，这些因素又因不同的固体物质而异。

2.2.2 液体污垢的去除

污垢和洗涤剂的组成复杂，固体界面的性质和结构又多种多样，因此洗涤过程相当复杂。可以认为，洗涤作用是污垢、物体与溶剂之间发生一系列界面现象的结果。

大多数洗涤过程是在水溶液中进行的。首先，洗涤液需要能润湿固体表面（洗涤液的表面张力较低，绝大多数固体表面能被润湿），若固体表面已吸附油污，即使完全被油污覆盖，其界面表面张力一般也不会低于 30mN/m，因此表面活性剂溶液能很好地润湿固体表面。污垢之所以牢固地附着在固体与纤维之间，主要是依靠它们之间的相互结合力。洗涤剂的去污，就是要破坏污垢与固体之间的结合，降低或削弱它们之间的引力，使污垢与固体表面分离。

洗涤剂活性物分子有良好的表面活性，疏水基团一端能吸附在污垢的表面，或渗透入污垢微粒的内部，同时又能吸附在织物纤维分子上，并将细孔中的空气顶替出来，液体污垢由于表面张力的作用形成油滴，最终被冲洗或因机械作用力而离开固体表面。

克令（Kling）和兰吉（Lange）曾研究了油滴卷缩和脱落过程。固体表面与油膜有一接触角 θ，水-油、固体-水和固体-油的界面张力分别用 γ_{wo}、γ_{sw}、γ_{so} 表示，在平衡条件下满足下列关系式：

$$\gamma_{sw} = \gamma_{so} + \gamma_{wo}\cos\theta \tag{2-2}$$

$$或\ \gamma_{so} = \gamma_{sw} - \gamma_{wo}\cos\theta \tag{2-3}$$

在水溶液中加入表面活性剂后，由于表面活性物容易吸附于固体-水界面和水-油界面，于是 γ_{sw}、γ_{wo} 降低。为了位置平衡，$\cos\theta$ 负值变大，即 θ 变大，当 θ 接近 180°时，表面活性剂水溶液完全润湿固体表面，油膜变为油珠而离开固体表面。液体污垢在洗涤剂溶液中脱落示意见图 2-1。

由此可见，当液体污垢与固体表面接触角 $\theta = 180°$时，油污便可离开固体表面。若 90°<θ<180°，油污没有完全脱落，在机械作用或流动水冲击下，仍有部分油污残留在固体表面上。为彻底去除残留油污，有时需要提高洗涤剂的浓度或增加机械功。

液体污垢的去除，除主要依靠洗涤剂活性成分的润湿作用外，还有增溶和乳化作用机理。增溶作用机理认为：液体污垢在表面活性剂胶束中增溶是去除油污的重要机制。当洗涤剂的浓度达到临界胶束浓度（critical micelle concentration, CMC）以上时，从固体表面除去油污的作用才明显；低于 CMC 时，增溶发生在细小的珠状胶束中，也就是说此时只有少量的油污被增溶。只有当洗涤剂的浓度

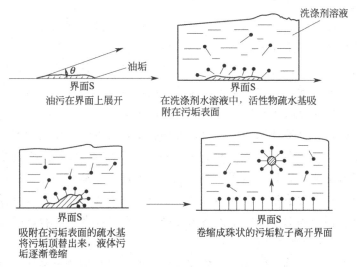

图 2-1　液体污垢在洗涤剂溶液中脱落示意图

高于 CMC 浓度时，能形成大量的胶束。同时，洗涤剂中有无机盐存在时，也可降低表面活性剂形成 CMC 的浓度，增加形成胶束的表面活性剂的量，增强洗涤剂的去污效果。

乳化作用与许多表面活性剂的洗涤似乎无多大直接关系，但通常洗涤剂都有不同程度的乳化性质，油污在表面活性剂的作用下，一旦形成油污液滴，将加速增溶或油污液珠吸附更多的表面活性剂而乳化。

2.3　洗涤剂配方设计

洗涤剂配方设计、研究的目的就是寻求各组分之间的最佳组合与配比，从而使产品性能、产品成本、生产工艺可行性三方面取得最优的综合平衡。一种新产品的开发，在配方设计之前，必须对构成产品的原材料、产品要求达到的功能、生产工艺的现实性等有充分的了解和掌握，这样才能使产品的性能、成本达到最优的平衡。

2.3.1　配方设计原则

（1）配方的安全性　不论是作为洗涤剂中某种组分的表面活性剂、助剂，还是作为最终产品的洗涤剂，对人体或动物都存在着直接的或潜在的毒效应，以及对环境的污染。洗涤剂在给人们的生活带来诸多方便的同时，也带来了环境污染和影响人体健康等问题。由欧洲、北美和日本等地区和国家主导，要求改善环境质量的呼声日益高涨，"绿色运动"要求各种产品对人体无毒、对环境无害，公众同时也期望各种洗涤类化学品在生产和使用过程中节省资源和能源，减少"三废"的排放，减少对人类生态环境的负影响。因此，洗涤剂工业不仅要考虑产品的性能、经济效益，更需要有良好的环境质量要求。

除此之外，安全性还表现在配方要符合各个国家和地区的法规，确保产品的基本性能。如有的国家及地区认为磷酸盐引起的水体富营养化是造成水葫芦、赤潮多发和鱼、虾、贝类等水生动物大批灭亡的主要原因，因此限制或禁止洗涤剂中磷酸盐的使用；有的国家和地区禁止使用次氨基三乙酸盐作螯合剂；有的规定餐具洗涤剂中不能含有荧光增白剂等。此外，一般国家对洗涤剂中的活性物含量具有最低限量的要求，如果不懂这些，就有可能触犯当地的法律、法规。

在配方设计时应重视洗涤剂对人体、动物和环境的安全问题，在配方设计、研究中以环境保护和对人体安全无害为标准，选用"绿色"原料，开发出更加优质的产品。

（2）配方的适用性 配方设计要求有明确的产品功能要求和质量目标，配方中各组分间配伍性和协同性要好，不能使其主要组分或高成本原料的性能减弱。配方应符合系统工程的思想，应适应产品的统一功能、质量目标，从而使各组分间达到最佳组合，使产品综合性能最佳。实用性设计的原则为：主功能优化，其他功能满足要求。

（3）配方生产工艺的可行性 任何一个配方的设计，首先应考虑其生产工艺的可行性，在工艺上要力求简单、可行、高效、节能、稳定，又能满足工艺的最优化。

（4）配方的经济性 任何一种产品要在市场上生存，具备市场竞争力，受到客户青睐，一方面应具有优质的产品性能和可靠性，另一方面应具有合理的价格定位。所以，配方开发应在保证质量和性能的前提下，遵循低量高效的原则。

另外，要满足配方实用性和功能性，首先要了解原材料的作用与性质，原材料之间的近似性、相容性、协同增效作用，原材料的来源、质量及其检验方法，原材料的用量与产品性能间的联系，原材料的价格与市场信息等。在原料选用上，有国产的最好不用进口的，有便宜的不用昂贵的，有易得的不用稀有的。

在配方设计时，除应考虑上述原则外，还要考虑使用对象与使用条件，其中包括污染程度、洗涤方式、水质温度等。例如，北方地区的水硬度大，洗涤剂在设计时应加大螯合剂的用量，而且所用的表面活性剂应该具有较好的抗硬水性能。城乡的区别、不同地区的区别在活性组分的含量上应不同。明确洗涤对象及所要达到的要求，如不同的荧光增白剂对亲水的棉织品和疏水的化纤织物有不同的适应性；不同的金属清洗剂要求不同类型的缓蚀剂；手洗餐具洗涤剂要求对皮肤无刺激性，而机洗则不然等。还要了解消费者的心理、喜好及消费水平，特别是民用洗涤剂尤为突出，洗涤剂作为商品就要迎合不同消费者的喜好。

2.3.2 配方设计步骤

精细化学品开发设计的流程大致有：资料收集、变量拟定、配方优化、小试验证、中试考核。

① 收集相应的配方资料，包括原料和助剂的性能、作用、使用情况，国内外的配方专利和实例，现有产品存在的问题，配方结构，生产工艺等信息。

② 拟定与工艺相适应的产品基本配方和相应的各组分变量范围。

③ 对基本配方的主要组分进行配方优化，进行变量实验，采用优选法和正交实验法等科学实验手段，结合产品的最终性能检测结果，进行配方组分和用量的调整。

④ 确定小试配方。经过对基本配方调整和系列变量因素，找出最佳配方组成，然后确定一个或几个符合产品性能要求、工艺简单、经济上合理的小试配方，进行重复实验验证，做进一步的评价。

⑤ 中试考核、小批生产、固定配方，向大批量生产推广。

2.3.3 配方研究方法

研究方法分为两个方面。一是在理论方面，研究构成洗涤剂各组分的表面性能，如表面张力、临界胶束浓度，对固体表面的吸附行为、润湿性能；对特定油类的增溶、乳化性能；表面活性剂的 Krafft 温度或浊点，对钙、镁离子的敏感性；相行为；其他物质存在时对上述性质的影响等。这些研究结果对实际配方具有一定的指导意义，但是由于具体洗涤对象的复杂性，包括基质与污垢间相互作用的复杂性，直接综合上述这些研究结果不可能获得满意的配方。

二是在实践方面，针对具体去污对象来筛选合适的配方。为了筛选配方，首先必须充分了解去污对象，它的基质结构及污垢的组成。国外曾分析各种场所中的灰尘组成及衣服污垢的组成，借以建立尽量接近洗涤对象但又容易重复的标准模型。对于多用型洗涤剂，特别是普通洗衣粉，它要洗涤棉布、混纺和各种化纤织物，所遇到的污垢除了灰尘、人体分泌物外，还会遇上各种食物残渍、矿物油等。所以必须建立多种模型（人工污布）进行去污比较，以筛选出对各种人工污布的去污效果都比较满意的配方。当然，最终得到的配方对某一特定污布的效果并不一定是最佳的。

常用的配方筛选方法有以下几种。

（1）单因子实验 在经验、基本原理及文献资料的基础上可以大概构思出所需要配方的主要成分，分别对各主要成分进行性能评价。这对筛选主要组分、了解各组分的作用提供了依据。在此基础上，可以固定其他组分的量，改变一种组分的量来考察各组分对配方性能的影响，最后筛选出较合理的配方。

（2）双因子试验　此筛选方法可使配方中的两个组分任意变化，测定随意两组分变化所导致的性能变化，如去污力、泡沫、流变性等。其表达方式以 X、Y 轴表示此两组分的变化，Z 轴表示某种性能函数，可画出直观的立体图。

（3）三角图法　此法以三角坐标表示三组分（A、B、C）体系的百分组成。三角形的顶点 A、B、C 分别代表纯组分 A、B、C 的单组分体系。体系还可以含有其他的组分，但含量必须固定；要变化的 A、B、C 三组分的变化范围不一定都相同，但三者之和在配方中所占比例必须是一常数。

为了全面了解 A、B、C 三组分在其变化范围内对去污性能的影响，应均衡地在三角坐标图中取点，分别测定各点配方的去污力（或其他性能，如发泡力、黏度等）；将测得的去污力数据填在相应的配方组成的三角坐标上，得到去污力的分配图。

（4）正交设计法　以上介绍的都是较少因子的配方筛选方法。对于有一定经验的配方工作者，用这些方法来改进配方，即修改其中少数组分的配比来改进配方性能，基本可以达到目的。但洗涤剂配方绝大部分都是多组分的，有些可多至几十种组分，这些组分间的相互影响又极其复杂。要使配方最优化，将这些因子及其变量排列组合，则试验次数多得惊人。为了减少试验次数，又可了解配方各组分在配方中的效应大小及相互影响，不少配方工作者尝试采用正交设计法来安排实验。由此试验结果来计算出各组分的效应大小及相互影响作用大小，进而对这些数据进行回归分析，得出各因子对性能函数影响的方程式，最后对这些方程进行线性组合可获得在各种条件下（如去污力要大于某值、活性物总和要达到某值，而成本最低）的最佳配方。

（5）评价方法　实验室的配方研究，其去污对象是一种人工模型，与实际对象总存在着差异。特别是民用洗衣粉，实际对象可以说是无法模拟的，所以必须将实验室筛选所得的较好配方在实际洗涤条件下进行实物洗涤，加之消费者的直接评价，才能最终确定其性能的好坏及可否投产。

2.4　表面活性剂的性质与作用

表面活性剂分子由憎水的非极性基团和亲水的极性基团所构成。当溶于水中时，它们能吸附于相界面，使界面性质发生变化，界面张力显著下降。表面活性剂的这种"双亲"结构决定其具有润湿、分散、乳化、增溶、泡沫等作用。

2.4.1　表面活性剂胶束

表面活性剂分子溶于水中时，其亲水基团被水分子吸引指向水、疏水基团被水分子排斥指向空气。当浓度较低时，表面活性剂以单个分子形式存在，这些分子聚集在水的表面上，使空气和水的接触面积减小，引起水的表面张力显著降低。随水溶液中表面活性剂浓度的增大，不但表面上聚集的表面活性剂增多而形成定向排列的单分子层，而且溶液体相中的表面活性剂分子也以拒水基向里相互靠拢，亲水基团朝外指向水的形式聚集在一起开始形成胶束。根据表面活性剂性质的不同，胶束可以呈球形、棒状或层状。形成胶束的最低浓度称为临界胶束浓度（CMC）。超过 CMC 后，继续增加表面活性剂的量，溶液中形成表面活性剂胶束。表面活性剂在溶液中的定向吸附和聚集见图 2-2。

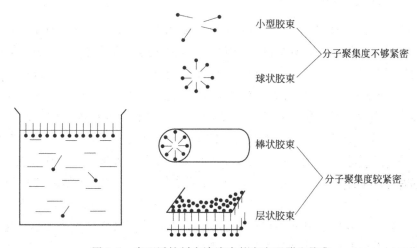

图 2-2　表面活性剂在溶液中的定向吸附和聚集

胶束的形成对洗涤液的性能包括表面活性、导电性、溶解性、乳化性等都有重要意义。一般洗涤剂的应用浓度在临界胶束浓度时，其去污效果最佳。不同表面活性剂具有不同的 CMC 值。一般情况下，表面活性剂的疏水基越长，其疏水作用越强，CMC 值越小。表面活性剂的亲水基团数越多，亲水性越好，CMC 值越大。在表面活性剂中加入电解质，则发生聚集，CMC 值下降。表面活性剂的 CMC 值一般在 $0.001 \sim 0.020$ mol/L 或 $0.02\% \sim 0.40\%$。表 2-1 列出了碳链为十二烷基，亲水基不同的表面活性剂的 CMC、胶束摩尔质量和聚集数。

表 2-1　疏水基链长固定时表面活性剂的 CMC、胶束摩尔质量和聚集数

表面活性剂	CMC/(mmol/L)	胶束量/(kg/mol)	聚集数 n
$CH_3(CH_2)_{11}SO_4Na$	8.1	18.000	62
$CH_3(CH_2)_{11}N(CH_3)_3Br$	14.4	15.000	50
$CH_3(CH_2)_{11}COOK$	12.5	11.900	50
$CH_3(CH_2)_{11}SO_3Na$	10.0	14.700	54
$CH_3(CH_2)_{11}NH_3Cl$	14.0	12.300	56
$CH_3(CH_2)_{11}NC_5H_5Br$	16.0	17.700	54
$CH_3(CH_2)_{11}N(CH_3)_2O$	0.21	17.300	76
$CH_3(CH_2)_{11}(OC_2H_4)_6OH$	0.087	180.000	400

由表 2-1 可以发现，对离子型表面活性剂而言，不同的亲水基种类，其聚集数在 50~60。非离子表面活性剂由于亲水基之间没有离子电荷排斥作用，其 CMC 很小，聚集数很大，但非离子表面活性剂随聚氧乙烯链增长，胶束聚集数逐渐减小。

温度对离子型表面活性剂胶束的聚集数影响不大，而非离子表面活性剂的胶束聚集数随温度升高而增大。

2.4.2 增溶作用

表面活性剂在水溶液中形成胶束，具有能使不溶或微溶于水的有机化合物的溶解度显著增大的能力，且溶液呈透明状，这种作用称为增溶作用。例如：煤油等油类物质是不溶于水的，但是加入了表面活性剂后，油类就会"溶解"，这种"溶解"与通常所讲的溶解或者乳化作用是不同的，它们只有在溶液表面活性物达到临界胶束浓度时才能溶解，这时活性物胶束把油溶解在自己的疏水部分之中。因此，凡是能促进生成胶束及增大胶束的因素都有利于增溶。

实践证明，表面活性剂的浓度在临界胶束浓度前，被增溶物的溶解度几乎不变；当浓度达到临界胶束浓度后则溶解度明显增高，这表明起增溶作用的是胶束。如果在已增溶的溶液中继续加入被增溶物，当达到一定量后，溶液呈乳白色，即为乳液，在白色乳液中再加入表面活性剂，溶液又变得透明无色。这种乳化和增溶是连续的，但其本质上是有差别的。

增溶作用是洗涤剂活性物的特有性质，对去除油脂污垢有十分重要的意义。许多不溶于水的物质，不论是液体还是固体都可以不同程度地溶解在洗涤剂溶液的胶束中。

增溶现象有以下三种方式：

① 油脂、矿物油等非极性物质，它们溶解在活性物分子胶束烃链之间，嵌在两层疏水基之间。

② 像表面活性剂活性物结构一样具有极性和非极性两种基团的物质，它们与活性物分子一同定向排列在一起。

③ 亲水性物质，吸附在活性物胶束的极性基表面上。

影响增溶作用的主要因素有：

① 增溶剂的分子结构和性质。在同系表面活性剂中，碳氢链越长，胶束行为出现的浓度越小。这是因为碳氢链增长，分子的疏水性增大，因而表面活性剂聚集成胶束的趋势增高，即 CMC 降低，胶束数目增多，在较小的浓度下即能发生增溶作用，增溶能力增大。

② 被增溶物的分子结构和性质。被增溶物不论以何种方式增溶，其增溶量均与分子结构和性质（如碳氢链长、支链、取代基、极性、电性、摩尔体积及被

增溶物的物理状态等）有关。

③ 电解质的加入。在表面活性剂溶液中加入无机盐可增加烃类的增溶量，减小极性有机物的增溶量。加入无机盐可使表面活性剂的 CMC 下降，胶束数量增多，所以增溶能力增大。加入盐的种类不同，对增溶能力的影响也不同，钠盐的影响比钾盐大。非离子表面活性剂中加入无机盐，其浊点降低，增溶量增大。

④ 有机添加剂。在表面活性剂溶液中加入非极性有机化合物（烃类），会使胶束增大，有利于极性化合物插入胶束的"栅栏"间，使极性被增溶物的增溶量增大。

⑤ 温度的影响。温度变化可导致胶束本身的性质发生变化，可使被增溶物在胶束中的溶解情况发生变化，其原因可能与热运动使胶束中能发生增溶的空间增大有关。

同样，合成洗涤剂增溶作用的大小因洗涤剂的种类不同而异，随被增溶对象的性质以及有无外来的添加物而变化。从表面活性剂结构来说，对油类的增溶，长链疏水基应比短链强，不饱和烃链应比饱和烃链差些，另外，非离子型洗涤剂的增溶作用一般都较显著。从被增溶物来说，被增溶物的分子量越大，增溶性就越小。分子结构中有极性基或双键时，增溶性就增大。

2.4.3 润湿作用

固体表面被液体覆盖的现象称为润湿或浸润。当固体被液体润湿后，固-液体系的自由能降低，自由能降低越多，则润湿越好。润湿与不润湿是由润湿液体的化学组成与被润湿固体表面化学组成结构共同决定的。棉纤维本身是亲水性的，但由于纤维表面存在油脂、杂质，因而润湿能力降低或不能润湿。衣服上黏附的油污及皮肤中分泌的油脂也就不易被水润湿。如果在油污上擦上肥皂或合成洗涤剂，或滴上几滴酒精或煤油，水就很快散开，这是由于油污是拒水性的，而肥皂、合成洗涤剂、煤油和酒精等能吸附在油垢的表面而降低表面张力。同样被油脂弄脏的衣服，用纯净的水不容易润湿，但在水中加入合成洗涤剂就会很快润湿。这是因为被弄脏的衣服上有疏水性的油脂，水的表面张力比较大，使得水滴在油脂表面力图保持球形（球形在各种几何形状中表面积最小），因此水滴不能在衣服表面上扩展开来，也无法润湿织物。但是，在水中加入洗涤剂后，洗涤剂分子可吸附在水的表面上，使水的表面张力大大降低，水就容易吸附、扩展在衣服表面上，甚至还能渗透到纤维的微细孔道中。图 2-3 为液体润湿现象的几种状态。

由图 2-3 可知，润湿的大小取决于接触角 θ 的大小。当液体全部在固体表面润湿时，接触角 θ 为零；$\theta < 90°$，液体能部分润湿固体；$\theta > 90°$，液体不能润湿固体表面。

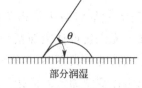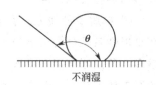

| 全部润湿 | 部分润湿 | 不润湿 |

图 2-3　润湿的几种状态

润湿作用对洗涤剂而言是一项重要指标，它并不起去污作用，但对织物的去污力极为重要。优良的洗涤剂都有良好的润湿性能，除了表面张力外，影响润湿性能的其他因素有以下几种：

（1）表面活性剂的结构　分子结构中疏水基烃链如有几个短支链，润湿性应比仅有一个长烃链的强；亲水基位于烃链中央应比位于末端的强；表面活性剂疏水基烃链的碳原子在 $C_8 \sim C_{12}$ 时润湿性好；非离子表面活性剂中，$EO = 10 \sim 12$ 时润湿性好。

（2）温度　一般情况下温度升高有利于润湿，但也有例外。

（3）浓度　一般情况下，表面活性剂的浓度增加，润湿性提高，但有一定限度，即浓度范围大于 CMC。

（4）pH 值　一般认为在中性～碱性溶液中，用阴离子表面活性剂润湿性较好；中性～酸性溶液中，用非离子表面活性剂润湿性较好。

其他如固体表面的结构和粗糙程度，液体的黏度，电解质的加入等因素也都能影响表面活性剂的润湿性能。

2.4.4　发泡与消泡

泡沫是空气分散在液体中的一种现象。在肥皂或洗涤剂溶液中，通过搅拌等作用，空气浸入溶液中，表面活性剂分子能定向吸附于空气-溶液的界面上，亲水基被水化（被水分子包围），在界面上形成由表面活性剂形成的薄膜，即泡沫。当气泡表面吸附的定向排列的表面活性剂分子达到一定浓度时，气泡壁就形成一层不易破裂也不易合并的坚韧膜，由于气泡的相对密度小于水的密度，当气泡上升到液面，又把液面上的一层活性物分子吸附上去。因此，溢出液面的气泡有表面活性剂双层膜，溢出液面的气泡的双层表面活性剂分子的疏水基都是朝向空气的，如图 2-4 所示。气泡 A 是溶液中的气泡，气泡 B 是即将溢出液面的气泡，气泡 C 是溢出液面的气泡。

泡沫的形成主要是洗涤剂中表面活性剂的定向吸附作用，是气体-溶液两相界面的张力所致。泡沫的产生对洗涤剂的洗涤效果一般影响不大，但是一部分污垢质点可以被泡沫膜黏附，随同泡沫漂浮到溶液的表面，因此泡沫对洗涤剂的携污作用还是有帮助的。例如，有一种泡沫去污法，就是利用固体吸附于气泡的原

泡沫跑出水面后，随水分的蒸发流失，膜的厚度变薄，最后破裂

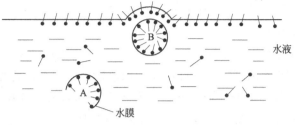

水液

水膜

图 2-4　泡沫形成示意图

理，可以有效地抹去汽车内饰、羽绒服表面的污粒而不会擦伤物品。虽然泡沫对织物的去污有一定帮助，但是泡沫过多或泡沫经久不消除，对洗涤各种器具是不利的。尤其是机洗过程中较多的泡沫是不受欢迎的，近年来普遍生产的低泡或无泡洗涤剂对降低或减轻环境污染是有利的。

　　表面活性剂的类型是决定起泡性的主要因素。通常，阴离子表面活性剂的起泡力最大，其中以十二醇硫酸钠、烷基苯磺酸钠的泡沫最为丰富，非离子表面活性剂次之，脂肪酸酯型非离子表面活性剂起泡力最小。影响起泡力的因素还有温度、水的硬度、溶液的 pH 值和添加剂等。

　　要使洗涤剂活性物的泡沫性降低，同时又不影响去污能力，可以加入消泡剂制剂。Ross 理论认为，消泡剂是在溶液表面易于铺展的液体，其在溶液表面铺展时会带走邻近表面的一层溶液，使液膜变薄，直至达到临界液膜厚度以下，导致液膜破裂，泡沫破灭。常用消泡剂有脂肪酸、脂肪酸盐、脂肪酸酯、聚醚、矿物油、有机硅、低级醇类等。表 2-2 为有机极性化合物消泡剂的消泡效果。

表 2-2　有机极性化合物消泡剂的消泡效果

消泡剂加入量 /(g/L)	壬基酚聚氧乙烯醚(10)		十二烷基苯磺酸钠	
	初始泡沫高度	5min 后泡沫高度	初始泡沫高度	5min 后泡沫高度
0	170	140	175	160
0.1	130	15	160	100
0.3	80	9	150	60
0.5	20	2	150	50
1.0	10	0	100	20

注：采用罗氏泡沫仪测定，温度为 30℃。高度为罗氏泡沫仪的刻度，因此不需标注单位。

2.4.5　乳化作用

　　乳化是在一定条件下，两种不混溶的液体形成具有一定稳定性的液体分散体系的过程。在分散体系中，被分散的液体（分散相）以小液珠的形式分散于连续的另一种液体中（分散介质或连续相）中，此体系称为乳液。形成乳液的两种液体，一般都有一相为水或水溶液（水相），另一相为与水不相溶的有机相（油相）。乳液有两种类型：一种是水为连续相，有机相为分散相成为水包油型或油/水乳液，以 O/W 表示；反之为油包水型或水/油乳液，以 W/O 表示。在一定条件下，两者可以相互转化，称为转相。

油和水接触时，两者分层，不能相溶。如果加以搅拌或震动，虽然油能变成液滴分散在水中，但不相溶的两者形成乳液极大地增加了单位体积的界面面积，表面能增大，从能量最低的原理来看，是一种很不稳定的体系，分层的倾向很大，一旦静置，便立即分层。如果在油、水中加入一定量的表面活性剂，即乳化剂，再加以振荡或搅拌，乳化剂在油-水界面以亲水基伸向水，亲油基伸向油的方式定向吸附于油-水界面，形成具有一定机械强度的吸附膜，把两相联系起来，使体系的界面能下降。当油滴碰撞时，吸附膜能阻止油滴的聚集。

乳化剂正是通过在界面上的良好吸附来改变界面性质从而稳定体系，是乳化作用得以进行的最重要因素，其主要作用机理是：

① 降低液液表面张力，减小因乳化而引起的界面面积增加带来的体系的热力学不稳定性。

② 在分散相液滴表面形成一层表面活性剂膜，其亲油基团指向油相，亲水基团指向水相。

若采用离子型乳化剂，则分散相液滴表面会带有正/负电荷，由于静电排斥，液滴之间难以碰撞结合。因此形成机械的、电性的或空间的障碍，减小分散相液滴的碰撞速度。吸附层的机械和空间障碍使液滴相互碰撞不易聚集，而空间和电性障碍可以避免液滴相互靠拢。这两种作用力中有时前者更为重要，如有些高分子表面活性剂不带电荷，无显著降低界面张力的作用，但可形成稳定的、强度好的界面膜，在乳化作用中占有重要地位。

如果选用非离子乳化剂，还会在油-水界面上形成双电层和水化层，都可防止油滴的相互聚集，从而使乳液稳定。

2.4.6 去污作用

洗涤过程中，在表面活性剂和机械搅拌揉搓力的作用下，任何破坏污垢与底物之间作用力的作用，都可以使污垢从底物表面脱落，然后进入水溶液，达到去除污垢的目的。一般而言，洗涤过程主要涉及两个步骤：①从底物上去除污垢；②将污垢悬浮在清洁液中，防止其再沉积。第二个步骤与第一个步骤同样重要，因它阻止了污垢在底物的其他部位再次沉积。

在表面活性剂水溶液中，表面活性剂分子会同时在污垢表面和底物表面吸附，表面活性剂分子的疏水基一端会吸附在污垢表面以及底物表面，亲水一端伸入水中，在污垢和底物表面覆盖一层表面活性剂分子。由于吸附层中的表面活性剂亲水基向外伸向水中，所以污垢表面和底物表面都有了亲水性。水分子容易与之靠近，使得污垢表面和底物表面很快被水润湿。表面活性剂分子在污垢和底物表面的渗入会产生溶胀作用，削弱污垢与底物之间的作用力，然后在机械搅拌或揉搓力的作用下，在污垢和底物接触的边沿处，污垢就会逐渐卷起，在卷起过程中形成的新表面立即会有表面活性剂分子吸附上去，产生新的润湿和溶胀作用，最终污垢会从底物表面彻底卷起，从基质表面脱落，进入水中。如果污垢是油类物质，就会呈乳液状分散于水中。如果是固态污垢，则会呈悬浮状分散于水中。对于油类污垢，还会吸附更多的表面活性剂，油污被众多表面活性剂分子包裹形成胶束，胶束与油污间因相似相溶而发生增溶作用。各胶束粒子表面都被表面活性剂分子的亲水基覆盖，带有相同符号的电荷，同时吸附有一定厚度的水合膜，所以胶束之间会发生排斥作用，相互不易靠近，能够在水中稳定存在。底物表面也吸附了一层表面活性剂，亲水基向外伸向水中，所带电荷与胶束表面相同，也形成一层水化层，所以胶束与底物表面之间也有排斥作用，不易靠近，这样胶束也不易重新附着在底物上，这样污垢就能够从底物上脱离并稳定存在于水中。因此，表面活性剂去除污垢的机理是蜷缩、增溶与乳化。

如果从表面张力的角度来分析洗涤过程，那么洗涤作用与表面活性剂能降低表面张力密切相关。表面活性剂可大大降低水的表面张力，如果水的表面张力降到比油污和底物的润湿临界表面张力还小，水溶液就可以在油污和底物表面铺展，这时油污和底物被水润湿。表面活性剂还会在水与油污之间的界面上吸附，同时也在水与织物之间的固体表面上吸附。

污垢在洗涤液中的悬浮和防止再沉积也是通过不同的机理实现的，其机理取决于污垢的性质。电位和空间障碍的形成可能是固体污垢悬浮在洗涤剂中并防止其再次沉积到底物上的最重要的机理。洗涤液中带相同电荷（几乎总是负电荷）的表面活性剂或无机粒子在已经被剥离的污垢颗粒上的吸附，增加了这些颗粒的电势，导致它们相互排斥，防止团聚。洗涤剂中的其他组分也会以类似的方式吸附到底物或污垢颗粒上，产生电性和空间位阻障碍，防止污垢颗粒靠近底物，从而抑制或阻止污垢颗粒的再沉积。为达到这一目的常常加入一些特殊的组分，称其为污垢释放剂或抗再沉积剂，它们通常是高分子物质，如羧甲基纤维素钠、聚丙烯酸酯、聚对苯二甲酸酯-POE等。

2.4.7 表面活性剂的协同效应

当两种以上不同类型的表面活性剂混合后，体系的表面活性通常会显著增加，这种现象称为混合表面活性剂的协同效应（或复配增效）。在表面活性剂工业中具有重要用途的协同效应来自于表面活性剂分子间相互作用导致的体系能量的变化，该作用通常包括分子间的静电力、范德华力和氢键力，但由于混合表面活性剂溶液间的相互作用非常复杂，给定量研究带来了一定的难度，导致相关的理论研究报道并不多。迄今为止，在生产实践中应用的比较广泛的是用表面活性剂分子间的相互作用参数 β 描述协同效应。该理论方法是 Rosen 和 Rubbing 在用相分离模型和正规溶液理论处理表面活性剂溶液表面相和胶束相的基础上提出来的。表面活性剂的协同效应一般有以下四种情况：

（1）表面活性剂配合使用，相互作用极其强烈，形成一种配合物，其表面活性比各自单独使用优越很多。阴离子/阳离子配合或阴离子/两性配合使用属于这种情况。

传统理论认为，阴离子和阳离子表面活性剂复配时，在水溶液中阳离子和阴离子会相互作用产生沉淀，而从失去表面活性。近年来，许多研究报告认为，当配比适当时，阴离子/阳离子表面活性剂混在一起必然产生强烈的电性相互作用，使表面活性得到极大提高。阴离子/阳离子混合溶液的表面吸附层有其特殊性，反映在泡沫、乳化及洗涤作用中均有极大提高。烷基链较短的辛基三甲基氯化铵与辛基硫酸钠混合，相互之间作用十分强烈，具有很好的表面活性，表面膜强度极高，泡沫性很好，渗透性大大提高。烷基链较长的十二烷基苯磺酸钠与双十八烷基氯化铵以等摩尔比混合，产生大量沉淀，对浑浊液及其滤出清液测定的相关性能表明，其去污力下降，柔软性、抗静电性有所提高。当表面活性剂憎水基较短，特别是憎水基的极性头较大时，可以形成具有很好的表面活性的透明均相胶束溶液。例如，烷基硫酸钠与阳离子表面活性剂不易发生沉淀。双十八烷基二甲基氯化铵用非离子表面活性剂乳化制成的稳定分散液对织物的柔软和抗静电效果比单独使用好。在脂肪醇硫酸钠中加入少量十二烷基吡啶氧化物将大大增加其表面活性和去污力。

阴离子/阳离子表面活性剂的配合使用，两者配用比例非常重要，阴/阳离子表面活性剂不同比例的混合溶液（其中一种只占总量的1%）仍有很高的表面活性。一种表面活性剂过量较多的混合物的溶液较 1:1 混合物溶解度大得多，溶液不浑浊。这样可以采用价格较低的阴离子表面活性剂为主，配以少量的阳离子得到表面活性高的混合表面活性剂。国外有关报道指出以阴离子表面活性剂为主时，阴/阳离子的摩尔比一般在 4~50；以阳离子为主时，阴/阳离子的摩尔比可以在 0.2 左右，当然，阴/阳离子混合表面活性剂最大吸附量是阴/阳离子的摩尔比为 0.7~0.9。

（2）表面活性剂配合使用，相互作用稍弱，但混合物的表面活性有较大提高，有时也形成络合物，阴离子/非离子配用属于这种情况。阴离子表面活性剂中如果有少量非离子表面活性剂存在，非离子与阴离子在溶液中形成混合胶束，非离子表面活性剂分子"插入"胶束中，使原来的阴离子表面活性剂的"离子头"之间的静电排斥减弱。再加上两种表面活性剂分子碳链间的疏水作用较易形成胶束，所以混合溶液的CMC下降。非离子表面活性剂在应用中往往因为浊点偏低而受到限制，若加入适当量的阴离子表面活性剂，使非离子表面活性剂的胶束间产生静电排斥，可阻止生成凝聚相，使浊点升高。壬基酚聚氧乙烯醚中加入2%的烷基苯磺酸钠，即可使溶液的浊点提高20℃左右。某些阴离子与非离子配合使用也能形成较弱的络合物。在肥皂中加入非离子表面活性剂也能起到钙皂分散的作用。烷基苯磺酸钠与醇醚型非离子表面活性剂配合使用所形成的液晶相能提高洗涤时的去污能力。

（3）表面活性剂配合使用，彼此相互补充发挥作用，同一种离子型表面活性剂与非离子表面活性剂的配合使用，阳离子/非离子配合使用属于这种情况。

（4）两种表面活性剂配合使用，相互之间不起作用，基本上是各自发挥作用，某些阴离子/阴离子、非离子/非离子配合使用属于这种情况。直链烷基苯磺酸钠（LAS）和十二醇聚氧乙烯醚硫酸钠（AES）的混合液在降低水/橄榄油表面张力效能方面表现出协同效应，但当十二烷基硫酸钠和LAS混合时则没有观察到协同效应。

第**3**章
洗涤剂的生产工艺与设备

3.1　皂类洗涤剂的生产工艺与设备

肥皂是迄今为止人类使用最广泛的洗涤剂之一，是油脂与碱反应得到的化合物或多种化合物的混合物。除用作日常的洗涤用品外，肥皂在印染、纺织、冶金、化工和建筑等工业中也得到了广泛的应用，可以说肥皂工业的发展与整个国家经济的发展有着密切的联系。肥皂的制备过程包括油脂的精炼、皂基的制造和肥皂的制造。

3.1.1　油脂的精炼

制皂用的动植物油脂，由于原料本身及加工、包装、储藏等过程中氧化、分解，因此油脂中含有油料壳屑、铁质、泥沙等机械杂质，磷脂、蛋白质及其分解物、胶质，棉酚、类胡萝卜素等色素和游离脂肪酸等。如果其中的杂质不除去，将影响肥皂的外观色泽和质量以及毛废液的颜色和精甘油的颜色，因此制皂用动植物油脂必须经过精炼。

油脂精炼的方法根据炼油时的操作特点、所用材料和杂质不同分为：①机械方法，包括沉降、过滤等，主要用以分离悬浮在油脂中的机械杂质；②化学方法，主要包括酸炼、碱炼、氧化等，酸炼用以除去胶溶性杂质，碱炼用以去除脂肪酸，氧化主要用于脱色；③物理化学方法，主要包括水化、吸附、水蒸气蒸馏等，水化用以除去磷脂、胶质，吸附用以去除色素，水蒸气蒸馏用以除去臭味物质和游离脂肪酸。

制皂厂的油脂精炼过程主要包括：熔油、水化、酸炼、碱炼、脱色、脱臭等工艺，以下将对其作用原理及工艺过程进行简述。

（1）熔油　将油脂按配方熔化为混合的液体，并将油中的机械杂质去除，然后升温澄清。如油脂有乳化状，可采用升温或加入油量1％的工业盐或10％的饱和食盐水进行盐析澄清。经升温或盐析澄清后的油脂应清晰透明，无杂质和水分。

(2) 水化　水化是脱除油脂中胶质的方法之一。毛油中的胶质主要是磷脂，其存在不仅降低了油脂的使用价值、储藏稳定性，也使成品油质量下降，胶质还会在碱炼时产生过度的乳化作用，使油皂不好分离，从而引起一系列问题。油脂依次经水化、酸炼后，可以有效地脱除胶质。

磷脂分子中既有酸性基团，也有碱性基团，所以其能够以游离羟基或内盐形式存在。当油中含有很少水时，油脂以内盐形式存在，极性很弱，能够溶解于油中。若油中有一定量的水分，水分子会与成盐基团结合，以游离羟基形式存在[如式(3-1)所示]。因磷脂既具有亲油的长碳烃链，又具有亲水的磷脂结构，因此当水滴入油脂中时，磷脂在油水界面形成定向排列。此外，在水的作用下，磷脂还能形成胶粒聚集体。水化时，在水、热、搅拌等联合作用下，磷脂胶粒逐渐合并、长大，并最终成长凝聚为大胶团。因胶团的密度较油脂大，故可以使用重力使油和磷脂分离开来。水化的质量受水化温度、加水量、混合强度、水化时间、电解质的影响。

$$
\begin{array}{c}
CH_2OOCR^1 \\
| \\
CHOOCR^2\,O^- \\
| \\
CH_2-O-P=O \\
| \\
OCH_2CH_2\overset{+}{N}(CH_3)_3
\end{array}
\quad\xrightarrow{H_2O}\quad
\begin{array}{c}
CH_2OOCR^1 \\
| \\
CHOOCR^2\,O^- \\
| \\
CH_2-O-P=O\quad OH \\
| \quad\quad\quad | \\
OCH_2CH_2\overset{}{N}(CH_3)_3
\end{array}
\qquad (3\text{-}1)
$$

一般情况下，水化的具体操作为：将油脂加入水化锅中，静置沉淀0.5h，放去下层废水，进行计量；开启搅拌，将蒸汽升温至规定温度，喷入规定量热水或稀盐水；慢速搅拌，油中有细小胶粒析出，并分离良好时，停止搅拌，静置沉淀1.5h，放去剩余水，进行计量。

(3) 酸炼　用酸处理油脂，脱除其中胶溶性杂质的操作过程成为酸炼。水化脱胶除掉的大都是容易水化的α-磷脂，而β-磷脂不易水化。酸炼能使磷脂、蛋白质、黏液质及其类似的杂质焦化、沉淀。浓硫酸具有强烈的脱水性，能使油脂中的胶质炭化，使胶质与油分开，同时浓硫酸也是一种强氧化剂，可使部分色素氧化破坏。稀硫酸是强电解质，电离出的负离子能中和胶体质点间的电荷，使之聚集成大颗粒沉降下来，稀硫酸还有催化水解作用，促使磷脂等胶质水解。酸炼常用的酸是硫酸、磷酸等，制皂厂酸炼一般都采用硫酸处理。常用的硫酸脱胶法有浓硫酸酸炼法和稀硫酸酸炼法。

$$
\begin{array}{c}
CH_2OOCR\quad OH \\
| \quad\quad | \\
CHO-P=O\quad\quad OH \\
| \quad\quad\quad | \\
CH_2OOCR\quad OCH_2CH_2\overset{}{N}(CH_3)_3
\end{array}
\;+3H_2O\;\xrightarrow{H^+}\;
\begin{array}{c}
CH_2OH\,OH \\
| \\
CHOP=O \\
| \quad OH \\
CH_2OH\,OH
\end{array}
\;+\;HOCH_2CH_2\overset{}{N}(CH_3)_3\;+2RCOOH
$$

$$\quad\quad\quad\quad\quad\quad\quad\quad\quad\quad\quad\quad\quad\quad\quad\quad\quad\quad\quad\text{甘油磷酸酯}\quad\quad\quad\quad\quad\text{胆碱}$$

$$(3\text{-}2)$$

浓硫酸酸炼法：将冷油放在锅中，在搅拌器和压缩空气的强烈搅拌下，将工业硫酸（66°Bé）缓慢均匀加入，加入速度应使温度不超过25℃，硫酸的用量一般为油脂质量的0.5%～1.5%。加酸时，油脂从原来的棕黄色变为黄绿色，胶溶性杂质凝聚成褐色或黑色絮状物，油脂颜色逐渐变深，絮状物沉淀后，油脂变成淡黄色。搅拌结束后，加入油脂质量3%～4%的热水，稀释未反应的硫酸，使之停止反应。静置2～3h，将上层油转移到另外的设备内，用热水洗涤2～3次（每次用水量为油脂质量的15%～20%），从油中洗净浓硫酸后脱水。该法必须注意酸炼的温度和酸量要适当，以免发生磺化反应。

稀硫酸酸炼法：将油用蒸汽直接加热到100℃，然后在搅拌下将50～60°Bé的硫酸均匀加入油中，加入量为油脂质量的1%左右，这时硫酸被油内的冷却水稀释（蒸汽加热后油中会含有油脂质量8%～9%的水），稀硫酸与油内杂质作用。加酸完毕，搅拌片刻，然后静置沉降，其余过程与浓硫酸脱胶法相同。

酸炼时使用的炼油锅必须有耐酸衬里，搅拌器、加热管需由耐酸材质制成，底部还需装有吹入压缩空气或蒸汽的环形管，管上有直径1.5～2mm、开口朝下的小孔。

（4）碱炼　碱炼是油脂精制常用的方法。油脂在储藏过程中，部分油脂分解成游离脂肪酸和甘油，高度不饱和的甘油酯还会氧化生成醛、酮和低分子脂肪酸等，并放出恶臭，此即为油脂的酸败。碱炼不仅可以除去油脂酸败所产生的游离脂肪酸，还可以作用于其他酸性物质，如带有羟基、酚基的物质。通过碱炼，油脂中的酸性物质和烧碱反应，生成不溶于油脂的肥皂，由于肥皂的吸附作用，蛋白质、黏液质、色素等被吸附带入沉淀内，机械杂质也被肥皂夹带下来。因此，碱炼具有脱酸、脱杂质、脱色、脱机械杂质等多种作用。例如，碱炼对棉籽油中棉酚色素的脱除具有显著的效果。

碱炼一般用烧碱溶液，也可以使用一部分纯碱。烧碱有中和游离脂肪酸的作用，同时还有较好的脱色作用，但它也能使部分中性油脂皂化。纯碱可与游离脂肪酸发生复分解反应，生成肥皂、二氧化碳和水，由于其碱性较弱，故不易与中性油脂发生皂化，对提高精炼效率大有好处，但其脱色能力很差，而且产生大量的CO_2气体，易造成皂脚松软而成絮状，浮在油中不易下沉，使分离皂脚困难。因此，一般碱炼多用烧碱，很少使用纯碱。

碱炼的主反应是碱与油脂的中和反应，副反应为碱与中性油脂的皂化反应和磷脂化反应。影响碱炼的因素有用碱量、碱液浓度、碱炼温度、搅拌速度、杂质以及盐的作用。用碱量由中和油脂中游离酸所需的理论碱量和损耗的超量碱组成，制皂厂的超量碱一般为理论碱量的10%～100%，高级香皂所用的椰子油、牛羊油的超量碱量达50%～100%。碱液浓度由酸值和毛油色泽来决定，颜色深或酸值高一般用较浓的碱。碱炼温度根据油脂熔点而定，以油脂保持液态为宜，稀碱宜用高温，浓碱宜用低温。碱炼时加入盐则能降低皂脚的含油率，减少损耗。

油脂的碱炼一般有间歇碱炼法和连续碱炼法，目前肥皂厂大多用间歇碱炼法。

间歇碱炼法（图 3-1）是先将含杂质 0.2％以下的毛油搅拌均匀，并调整初温至 20～40℃。加入预先配制好的碱液，快速搅拌，直至油、皂呈分离状态，加热使油温升至 60～65℃继续搅拌 15min，升温过程搅拌速度降至低于 30r/min，待皂脚开始与油分离时，停止搅拌，保温静置 6～8h。将上层清油转入水洗锅中，升温至 85℃左右，用油质量分数 10％～15％的水洗涤 1～3 次。洗涤后的油 105～110℃常压脱水或于 90℃、8kPa 条件下真空脱水。

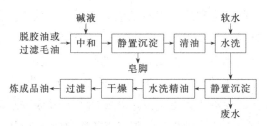

图 3-1　间歇碱炼法工艺流程

连续式长混碱炼系统的示意如图 3-2 所示。在一般情况下，该过程包括毛油与一定浓度和流量的氢氧化钠溶液连续的混合，在 65～90℃下，使皂凝聚、乳状液破坏，在离心机中水相（皂脚）和油相（精炼油）分离。当离心分离不完善

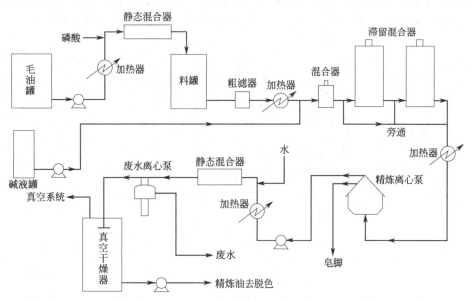

图 3-2　典型的连续式长混碱炼流程图

时，精炼油仍含有皂和其他微量的杂质。用热水洗油，并再次离心分离，产生的油干燥和脱色。在美国，将长混过程称为标准过程，常用来加工高质量低游离脂肪酸的毛油。这个过程碱与油在 20~40℃下有 3~10min 的混合时间，接着迅速升高温度至大约 65℃，以达到分离前皂的絮凝。

连续碱炼工艺具有精炼率高，处理量大，精炼费用低，环境卫生好，精炼油质量稳定及占地面积小等优点，是先进的碱炼工艺。

(5) 脱色　一般天然植物油脂内带有胡萝卜素、叶黄素、叶绿素、棉酚等有色物质，动物油脂本身无色，但油脂中含有的不饱和甘油酯、糖类及蛋白质等分解都会使油脂着色，因此为制取浅色香皂，尤其是白色香皂，对油脂脱色有严格的要求。根据油脂特性的不同，可采用化学脱色或吸附脱色的方法。

吸附脱色：吸附脱色是利用某些对色素具有强选择性吸附作用的物质——吸附剂，吸附除去油脂内色素及其他杂质的方法。吸附剂必须对油脂内的色素具有强烈的吸附作用，并且化学性质稳定，不与油脂发生反应。目前，常用的油脂脱色剂主要有天然漂土、活性白土、活性炭、凹凸棒土、沸石五种吸附剂，海泡石、硅藻土、硅胶、活性氧化铝也可以用作吸附剂。吸附脱色有间歇式和连续式两种工艺。间歇式脱色工艺将中性油和脱色剂分批加入脱色锅中，油脂与脱色剂的混合、加热、脱色及冷却在同一设备中进行。目前，国内大都采用间歇脱色工艺。采用间歇法吸附脱色时，先将待脱色油从储罐真空吸入脱色锅中，8kPa 以下 80℃加热脱水，当水分降至 0.1% 以下时，真空吸入脱色剂（吸附剂为活性白土时，用量为油脂量的 1%~5%），升温至 90℃，充分搅拌 20min 后冷却，滤去脱色剂，得到脱色油。国内目前大多采用间歇脱色工艺，工艺流程见图 3-3。

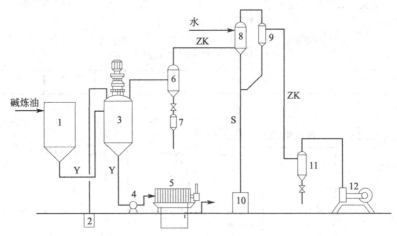

图 3-3　间歇脱色工艺流程

1—储罐；2—白土罐；3—脱色锅；4—蒸汽往复泵；5—压滤机；6，9—液滴分离器；7—接收罐；
8—大气冷凝器；10—水封池；11—平衡罐；12—真空泵。S—水；Y—油；ZK—真空

还原脱色：还原脱色是采用还原剂，使油中的色素被还原而脱色，国内采用还原脱色的不多。用于制皂的米糠带有灰绿色，常采用硫酸加锌粉的方法对糠油进行还原脱色。

氧化脱色：氧化脱色是利用空气中的氧或氧化剂使油脂中的色素被氧化或氧化后分解而脱色。目前，国内制皂厂采用的氧化脱色的典型例子是棕榈油的空气氧化脱色、漆蜡的次氯酸氧化脱色。氧化脱色中控制好氧化温度和氧化终点非常重要，一旦掌握不好，反而使油色深暗，不稳定。一般氧化脱色只能用于洗衣皂，不宜用于香皂油脂的脱色。

（6）脱臭　天然油脂都带有一定的气味，这是因为油内的易挥发物（醛、酮等）或多量的不饱和甘油酯易氧化分解，产生挥发性的有机物而造成。除去引起这些气味的物质的过程，称为脱臭。洗衣皂、香皂等洗涤用品应有良好的气味，故一般香皂油脂经脱色后，还需进行脱臭处理。脱臭的方法有加氢法、聚合法、蒸汽吹入法及惰性气体吹入法等几种。其中，应用最广的是蒸汽吹入脱臭法。蒸汽脱臭是利用热蒸汽通入油中，在减压下用蒸汽蒸馏的原理，将挥发性较高的醛、酮等有机物随水蒸气带出。脱臭效果的好坏与真空度、温度、直接蒸汽量及其分布情况有关。一般脱臭工艺操作条件为：绝对压强 $0.13\sim0.8kPa$，温度 $219\sim274℃$，直接蒸汽量为 $1\%\sim5\%$，脱臭时间为 $15min$。

3.1.2 皂基的制造

皂基的制造是肥皂生产中的重要操作。一般皂基中含有 65％的肥皂、35％的水分，并含有微量甘油、盐等物质。皂基经过干燥、添加各种非肥皂成分及机械加工，可制成不同的皂块、皂片、皂粒和皂粉等。因此，皂基制备的好坏对肥皂成品的质量有很大的影响。

皂基制备的基本原理非常简单，可用化学反应式表示如下：

$$\begin{matrix} CH_2OOCR^1 & & CH_2OH & R^1COONa \\ | & & | & \\ CHOOCR^2 & +3NaOH \longrightarrow & CHOH & + \ R^2COONa \\ | & & | & \\ CH_2OOCR^3 & & CH_2OH & R^3COONa \\ 油脂 & & 甘油 & 肥皂 \end{matrix} \quad (3\text{-}3)$$

$$\begin{matrix} CH_2OOCR^1 & & CH_2OH & R^1COOH & & R^1COONa \\ | & 高温水解 & | & & 精制 \\ CHOOCR^2 & \xrightarrow{催化剂} & CHOH & + \ R^2COOH & \xrightarrow{3NaOH} & R^2COONa \\ | & & | & & \\ CH_2OOCR^3 & & CH_2OH & R^3COOH & & R^3COONa \\ 油脂 & & 甘油 & 脂肪酸 & & 肥皂 \end{matrix} \quad (3\text{-}4)$$

皂基制备的方法很多，有老式的冷制皂法和半沸制皂法，间歇式沸煮皂法及现代的连续皂化法和连续脂肪酸中和法。以下以间歇式沸煮皂法中的半逆流洗涤煮皂工艺（图 3-4）为例对制皂的工艺进行介绍。

煮皂法煮皂是在具有锥形底的大型圆柱形或方形锅中进行，锅由普通碳钢制成，国内往往镀一层镍或其他抗腐蚀材料。锅中装有直接蒸汽管，有的还装有蒸汽盘管，锅的上方装有进油管、水管、碱液管、盐水管、皂脚管。锅中装有能上下移动的摇头管，可以从上部操作，放置在任何液位抽出锅内皂粒。锅底装有一根放料管，用来排出剩下的残液。半逆流洗涤煮皂法一般由二次皂化盐析、四次碱析和二次整理工艺组成。

皂化：皂化过程是将油脂与碱液在皂化锅中用蒸汽加热使之充分发生皂化反应。开始时先在空锅中加入配方中易皂化的油脂（如椰子油），首先被皂化的油脂可起到乳化剂的作用，使油、水两相充分接触而加速整个皂化过程。

盐析：皂化后的产品中除了肥皂外，还有大量的水分和甘油，以及色素、磷脂等原来油脂中的杂质。为此需在皂胶中加入电解质，使肥皂与水、甘油、杂质分离，这个过程就是盐析。盐析一般用 NaCl，NaCl 的同离子作用使肥皂（脂肪酸钠）溶解度降低而析出。

碱析：也称补充皂化，是加入过量碱液进一步皂化处理盐析皂的过程。将盐析皂加水煮沸后，再加入过量氢氧化钠碱液处理，使第一次皂化反应后剩下的少量油脂完全皂化，同时进一步除去色素及杂质。静置分层后，上层送去整理工序；下层称为碱析水。碱析水含碱量高，可以用于下一锅的油脂皂化。碱析脱色的效果比盐析强，并能降低皂胶中 NaCl 的含量。

整理：整理工序是对皂基进行最后一步净化的过程，即调整皂基中肥皂、水和电解质三者之间的比例，使之达到最佳比例。整理工序的操作也在大锅中进行。根据需要向锅中补充食盐溶液、碱液或水。整理之后的产品称为皂基（soap base），是指含水分约为 35% 的纯质熔融皂，又称净皂（good soap）。它是制造肥皂的半成品，制皂工艺先将油脂制成皂基，然后再加工成肥皂成品。

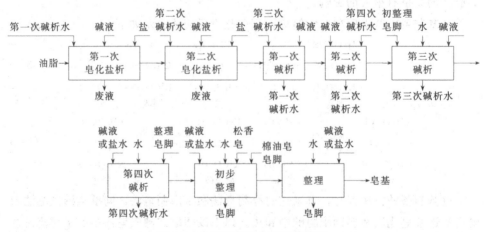

图 3-4 半逆流洗涤煮皂工艺流程

与间歇法相似的还有连续皂化法，由皂化、洗涤、整理三部分装置联合组成，是比较先进的皂化工艺。油脂及 NaOH 溶液分别经过过滤器和加热器加热到预定温度后，输入皂化塔进行水解反应。在洗涤阶段用盐水洗去肥皂中的甘油，然后进入整理塔进行整理。连续皂化法所获得的皂基皂化程度高，甘油的回收率也较高。

不管是间歇法还是连续皂化法制备皂基都属于油脂皂化法，除此之外还有脂肪酸中和法。中和法制备皂基比油脂皂化法简单，它是先将油脂水解为脂肪酸和甘油，然后再用碱将脂肪酸中和成肥皂，包括油脂脱胶、油脂水解、脂肪酸蒸馏及脂肪酸中和四个工序。

目前，我国皂基的制备主要采用大锅皂化法。大锅皂化法经过不断的发展，工艺得到了改进，采用半逆流洗涤操作法，又称为双线逆流洗涤煮皂操作法。

3.1.3 肥皂的制造

从皂基经过一步加工即可生产洗衣皂，生产工艺包括如图 3-5 所示过程。

图 3-5　肥皂制造流程

目前，国内普遍采用的生产工艺有传统的冷板工艺和较为先进的真空出条工艺。冷板工艺即采用冷板冷却成型制皂，其优点是设备简单，生产容易控制；缺点是劳动强度大，生产效率低。20 世纪 60 年代开发成功的真空冷却成型工艺使洗衣皂的生产实现了连续化流水作业，不仅降低了劳动强度，而且洗衣皂产品组织细腻均一、质地坚硬、外观光洁、泡沫丰富，是今后肥皂工业发展的方向。我国大多数制造厂已推广采用。

香皂是由皂基进行干燥，再添加香料、抗氧剂等添加物，经过拌料、研磨、压条等工艺过程制成的。现在国内外生产香皂的工艺均采用上述研压工艺，即干燥、拌料混合、研磨、压条、打印、冷却和包装。其生产工艺流程如图 3-6 所示。

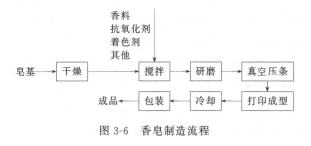

图 3-6　香皂制造流程

3.2　粉状洗涤剂的生产工艺与设备

粉状洗涤剂的生产方法随着市场上对产品质量、品种、外观的发展要求而不断变化，从最初的盘式烘干法到喷雾干燥技术，从箱式喷粉到高塔喷粉法，生产工艺在不断进步。高塔喷雾成型法所得产品呈空心颗粒状态，具有易溶解但不易吸潮，不飞扬等优点，得到了广泛的应用和长足的发展。近年来，由于消费者对浓缩、超浓缩、无磷、低磷洗衣粉等产品的需求，新兴的无塔附聚成型方法备受欢迎，干混法、附聚成型-喷雾干燥、气胀法也在不断发展中。

3.2.1　高塔喷雾干燥成型技术

高塔喷雾干燥法是先将活性物单体和助剂调制成一定黏度的浆液，用高压泵和喷射器喷成细小的雾状液体，与 $200\sim300℃$ 的热空气进行传热，使雾状液滴在短时间内迅速干燥成洗衣粉颗粒。干燥后的洗衣粉经过塔底冷风冷却、风送、老化、筛分得到成品。塔顶出来的尾气经过旋风分离器回收细粉，除尘后尾气排入大气。在全球洗涤剂市场，高塔喷雾干燥法是当前生产空心颗粒合成洗衣粉使用最普遍的方法。

高塔喷雾干燥法的主要工艺流程有浆料的配制、喷雾干燥、干燥介质的调控、成品的分离和包装等工序，其中生产流程和生产工艺见图 3-7。

（1）料浆的配制　料浆的配制要求均匀，有较好的流动性、合适的料浆含固量。一般当料浆固体含量在 $60\%\sim65\%$、温度在 $60\sim70℃$ 时，料浆的黏度最低，流动性最好。料浆温度过高，黏度反而会增高、变稠；温度过低，助剂溶解不完全，料浆黏度大，流动性差。因此要对料浆的配制温度进行调节。

间歇式配料时，选择好正确的加料顺序，有利于获得质量好的料浆。一般情况是先加有机原料，不易溶解的原料，密度轻、数量少的原料，后加无机原料及易溶解的原料。在生产含 A4 沸石的低磷或无磷洗衣粉时，由于 A4 沸石虽不溶于水，但它能吸附大量水分使料浆变稠，故一般在最后加入，混匀后立即过滤。

料浆中总固体含量的高低对喷粉的产量、能耗有很大的影响，在保证料浆有一定流动性的条件下，浆料中总固体含量越高越好，但浆料中总固体含量必须保持相对稳定，以保证洗衣粉视密度的稳定。此外，浆料在配制完成后需有一定的老化时间。这是由于浆料的总固体一般在 60% 左右，因为溶解度的限制，原料在料浆中有 40% 以悬浮的固体状态存在于料浆中，而有一部分固体原料（如元明粉、纯碱、三聚磷酸钠等）是无结晶水的，在配料温度下，会吸收水分，从而转变为结晶体。理论研究认为，三聚磷酸钠必须经老化转为六水结晶体，才能获得含水分高又可自由流动的洗衣粉，故生产有磷粉时，料浆必须有一段适当的老

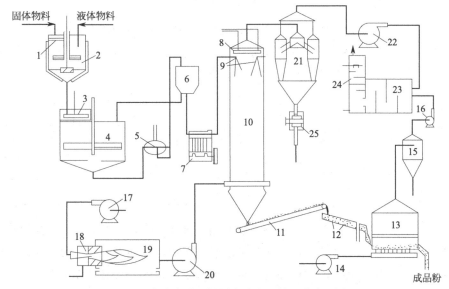

图 3-7　塔式喷雾干燥剂合成洗衣粉工艺流程图

1—筛子；2—配料缸；3—粗滤器；4—中间缸；5—离心脱气机；6—脱气后中间缸；7—三柱式高压泵；
8—扫塔器；9—喷粉枪头；10—喷粉塔；11—输送带；12—振动筛；13—沸腾冷却器；14—鼓风机；
15—旋风分离器；16—引风机；17—煤气炉一次风机；18—煤气喷头；19—煤气炉；20—热风鼓风机；
21—圆锥式旋风分离器；22—引风机；23—粉仓；24—淋洗塔；25—锁气器

化时间。据国外资料介绍，经充分老化，洗衣粉中每 1% 的三聚磷酸钠可使喷雾干燥粉含水 0.24%。

（2）喷雾干燥　料浆经高压泵从喷嘴以雾状喷入塔内，与高温热空气相遇，进行热交换。料浆的雾化是实现高塔喷雾干燥效率的关键环节。料浆雾化后雾滴的状态取决于料浆原来的性状；高压泵的压力，喷枪的位置、数量，喷嘴的形式、结构、尺寸都会对雾化产生影响。

喷粉塔应有足够的高度，以保证液滴有足够的时间在下降过程中充分干燥，并成为空心粒状。目前，我国的逆流喷雾塔有效高度一般大于 20m。小于 20m 的塔，空心颗粒形成不好，影响产品质量。塔径小于 5m，不易操作，容易粘壁；塔径过大，热量利用不经济。一般直径 6m、高 20m 的喷粉塔年产在 15000～18000t 之间。

（3）干燥介质的调控　热风的布置有三种情况，即逆流、顺流及混流。洗衣粉喷雾干燥采用热风与物料逆向流动的逆流布置，其热效率高，适合大颗粒、视密度较高产品的生产。

热风在塔内的风速设计值一般取 0.2～0.4m/s，热风一般分多个进风口进入喷粉塔，要求每一个进风口的风量均一致。为了防止粉尘逸出塔外，有利于生产操作和使冷空气从塔底顺利进入，塔顶一般应控制一定的负压。

喷粉工艺参数变化对洗衣粉外观质量的影响趋势见表 3-1。

表 3-1　喷粉工艺参数变化对洗衣粉外观质量的影响趋势

生产中出现的异常情况		喷枪压力	喷枪支数	喷枪口径	主风机风量	尾风机风量	热风温度	料浆温度	料浆黏度	料浆总固体
粉密度	轻	↓	↑	↑	↓	↑	↑	↑	↑	↓
	中	↑	↓	↓	↑	↓	↓	↓	↓	↑
粉体	潮	↑	↓	↓	↓	↓	↓	↓	↑	↑
	干	↓	↑	↑	↑	↑	↑	↑	↓	↓
粉颗粒	粗	↓	↑	↑	↓	↑	↑	—	↑	—
	细	↑	↓	↓	↑	↓	↓	—	↓	—
粉体黏稠度		↑	↑	↑	↑	↑	↑	↓	↑	↑
能耗		↑	↓	↓	↑	↑	—	↓	↓	↑

（4）成品的分离和包装　干燥后的产品颗粒降落到塔的锥形底部。为保持产品空心颗粒形态不受损坏，产品的传输多采用风力输送装置，在运输的同时也能起到降温、老化，使产品颗粒保持一定强度和水分，流动性好的作用。不完整的颗粒和细粉可在送风过程中进行分离。

根据市场需求，一些洗衣粉中还需加入香精、漂白剂、柔软剂、酶制剂等。这些助剂多属于热敏性物质，因此在洗衣粉冷却分离后方可加入。酶制剂采用颗粒酶混合法或酶直接黏结法才能加入。一些漂白剂如过硼酸盐、过碳酸盐等只能在喷粉后用机械混合法加入到洗衣粉成品中。

以上经过加香或加酶后的成品即可送去包装。目前，我国洗衣粉分为大袋和小袋两种包装。大袋每袋 10～20kg，采用人造革或厚塑料袋包装；小袋为一般零售商品，分 200g、300g、500g、1kg、3kg 等，采用复合型塑料袋。装袋时的温度越低越好，以不超过室温为宜，否则容易返潮、变质和结块。

3.2.2　附聚成型法

附聚成型是干物料和液体黏结混合形成颗粒的过程，形成的颗粒成为附聚物。洗衣粉的附聚成型是用硅酸盐等液体组分与固体组分混合成均匀颗粒的一种物理化学混合过程。喷成雾状的硅酸钠在附聚设备中与碳酸钠等能水合的盐类接触，失水后干燥成一种干的硅酸盐黏结剂。然后通过粒子间的桥接，形成近似球状的附聚物。

附聚成型主要由原料输送设备、固/液体原料计量控制系统、预混合系统及附聚系统组成。固体原料通过斗式提升机送至固体料仓中，由固体流量计计量后进入预混合器进行预混，然后与经计量泵计量后喷成雾状的液体物料在附聚造粒机中进行造粒。其中，一方面由磺酸与纯碱、泡花碱进行中和反应；另一方面完成附聚造粒过程。整个造粒过程仅需几秒钟，造粒后的物料由斗式提升机送至成品仓库，再进行包装。附聚成型工艺设备见图 3-8。

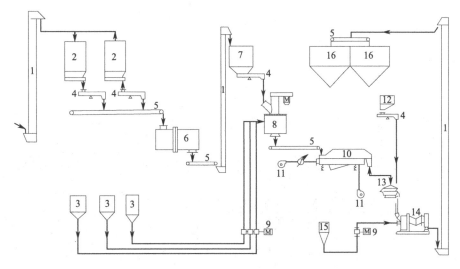

图 3-8　附聚成型工艺设备

1—斗式提升机；2—固体原料储槽；3—液体原料储槽；4—电子皮带秤；5—皮带输送机；
6—预混合器；7—预混合料仓；8—连续造粒机；9—计量泵；10—硫化干燥床；11—风机；
12—酶储罐；13—旋转振动筛；14—后配混合器；15—香精储罐；16—成品粉仓

3.2.3　流化床成型法

流化床成型法由英国玛昌公司（Marchan）与丹麦油皂公司（The Danish Oil Mill & Soap Factories Ltd）合作研究开发，其工艺流程见图 3-9。各种粉体、助剂经风管送至料仓，再经过连续出料及计量装置，经料仓下面的传送带送至流化床成型室。活性剂液体及其他液体组分需要中和，可在此处与浓碱接触反应，液体组分由喷嘴连续喷入流化床的粉体中。流化床布满进气孔，各种物料被压缩空气翻腾混合，硫化床上有气罩，可以回收被风吹出的细粉。由于成型过程是在低温下进行，所以三聚磷酸钠、过硼酸盐等很少被分解。成品视密度 0.36～0.4，含水 10%～12%，颗粒比高塔喷雾略大，粉体流动性好。

3.2.4　干混法

对不需进行复杂加工的配料，干混是生产各种工业产品的最经济和最简单的方法。它的基本工艺原理是，在常温下把配方组分中的固体原料和液体原料按一定比例在成型设备中混合均匀，经适当调节后获得自由流动的多孔性均匀颗粒成品。其工艺如图 3-10 所示。

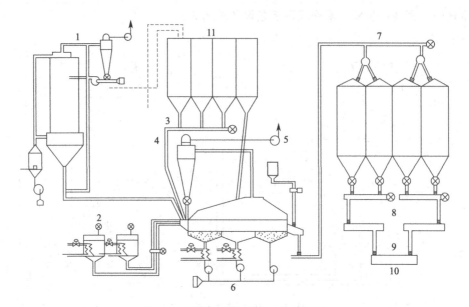

图 3-9　流化床干燥成型工艺流程图

1—多用途喷雾干燥机；2—液体原料罐；3—计量阀门；4—传送带；5—香料管；
6—流化床混合反应器；7—成品筒仓；8—传送带；9—包装；10—堆积；11—原料筒仓

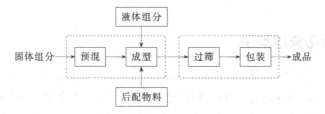

图 3-10　混合成型洗衣粉工艺流程

3.2.5　喷雾干燥与附聚成型组合工艺

喷雾干燥、附聚成型组合法（Combex 工艺）是生产高活性物、高堆密度洗衣粉的一种行之有效的工艺过程。其对产品特性的益处是动态流动性变好、溶解性与分散性增大、堆密度增大、粒度分布变窄、平均粒径增大；对生产操作的益处有：生产时粉尘减少、产能增大、操作弹性变大。

3.2.6　成型工艺的选择

选择采用何种成型技术受多种因素制约，如原料的级别和种类，产品的种类，产品的特殊性能（所需要的堆密度、预期产品粒度等），单位生产能力和生产品种变更的频度，工作环境现场及地方环境法规等。成型工艺对产品指标和经济指标的影响如表 3-2 所示。

表 3-2　成型工艺对产品指标和经济指标的影响

评价参数	工艺														
	喷雾干燥			流化床			附聚			Combex 工艺			干混		
	好	中	差	好	中	差	好	中	差	好	中	差	好	中	差
活性物范围		●			●		●			●				●	
活性物含量	●					●	●			●					
产品堆密度		●			●						●			●	
产品粒度	●			●			●			●					
配方弹性	●					●					●				
投资	●				●			●							●
耗能	●				●										●
厂房建筑	●				●										●
附属设备		●				●								●	
配料		●		●				●				●	●		
操作	●					●	●			●					●
环境保护	●					●	●			●					●

3.3　液体洗涤剂的生产工艺与设备

液体洗涤剂的生产工艺较简单，产品种类繁多，因此一般采用间歇式批量化生产工艺，而不采用管道化连续生产工艺。液体洗涤剂生产所涉及的化工单元操作和设备主要有：带搅拌、加热或冷却的混合或乳化釜，高效的乳化或均质设备，物料输送泵和真空泵、物料储罐，加热和冷却设备、过滤设备、包装和灌装设备。这些设备通过管道连接在一起，配以适当的能源动力即可组成液体洗涤剂的生产工艺设备。

控制产品质量的主要手段是在生产过程中控制物料质量检验、加料和计量、搅拌、加热、降温、过滤与包装。

液体洗涤剂的生产流程如图 3-11 所示。

核心设备乳化罐（釜）实体与剖面示意如图 3-12 所示。

3.3.1　原材料准备

液体洗涤剂原料种类多，形态不一。使用时，有的原料需预先熔化，有的需要溶解，有的需要预混。用量较多的易流动液体原料多采用高位计量槽，或用计量泵输送计量。有些原料需滤去机械杂质，水需进行去离子化处理。

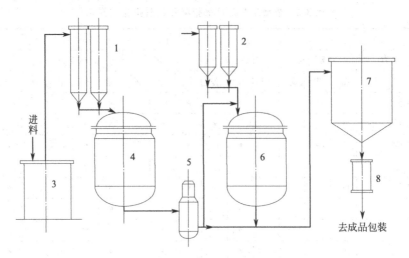

图 3-11　液体洗涤剂生产流程示意图

1—主料加料计量罐；2—辅料加料计量罐；3—储料罐；4—乳化罐（混合罐）；

5—均质机；6—冷却罐；7—成品储罐；8—过滤器

3.3.2　复配

对于一般透明或乳状液洗涤剂，可采用带搅拌、加热或冷却、可调速的反应釜进行混合或乳化。

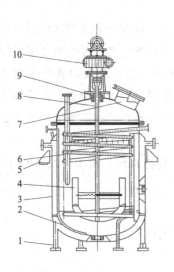

图 3-12　乳化罐（釜）实体与剖面图

1—电热棒插管；2—罐体；3—夹套；4—搅拌桨；

5—支座；6—盘管；7—物料进口；8—搅拌轴；

9—轴封；10—传动装置（电机和减速器）

大部分液体洗涤剂是均相的活性物透明溶液或乳状液，其制备过程都离不开搅拌釜。一般液体洗涤剂的生产设备仅需带有加热或冷却夹套，可调速搅拌的反应釜。对于较高档的产品，如香波、浴液等，则可采用乳化机配制，与普通乳化机相比，真空乳化机制得的产品气泡少，膏体细腻，稳定性好。

洗涤剂的配制过程涉及混合或乳化。

（1）混合　液体洗涤剂的配制过程以混合为主，根据不同类型液体洗涤剂的特点，可用冷混法或热混法。

① 冷混法。首先将去离子水加入搅拌釜中，然后将表面活性剂溶解，再加入其他助洗剂，待形成均匀溶液后，加入其他辅助性成分如香料、色素、防腐剂、络合剂等。最后用柠檬酸或其他酸类调节所需的 pH 值，

用无机盐（氯化钠或氯化铵）调整黏度。香料等若不能完全溶解，可先将其溶于少量助洗剂中或用香料增溶剂来解决。冷混法不适用于含蜡状固体或难溶物质的配方。

② 热混法。当配方中含有蜡状固体或难溶物质时，如珠光粉或乳浊制品时，一般采用热混法。采用热混法时首先将表面活性剂溶于热水或冷水中，在不断搅拌下加热到 70℃，然后加入要溶解的固体原料，继续搅拌，直到溶液呈透明为止。当温度下降至 25℃时，加色素、香料和防腐剂等。pH 值和黏度的调节一般都应在较低的温度下进行。采用热混法，温度（一般不超过 70℃）不宜过高，以免配方中的某些成分遭到破坏。

在各种液体洗涤剂制备过程中，除一般工艺外，还应注意以下问题。如高浓度表面活性剂（如 AES 等）的溶解，必须把这类物质慢慢加入水中，而不是把水加入到表面活性剂中，否则会形成黏度极大的团状物，导致溶解困难。溶解时适当加热可加速溶解过程。水溶性高分子物质如调理剂 JR-400、阳离子瓜尔胶等大都是固体粉末或颗粒，它们虽然溶于水，但溶解速度很慢，传统的制备工艺是长期或加热浸泡，期间天然制品还会出现变质等问题。将水溶性高分子中加入适量溶剂如甘油，能快速渗透使粉料溶解，在甘油存在下，将高分子物质加入水相，室温搅拌 15min，即可彻底溶解，在加热条件下可以溶解得更快。

（2）乳化　民用液体洗涤剂中希望加入一些不溶性添加剂以增强产品的功能，或是制成彩色乳液以博得客户喜欢。部分工业用液体洗涤剂则必须制成乳液才能使其功能性成分均匀分散。因此，部分液体洗涤剂只有通过乳化工艺才能生产出合格产品。乳化工艺除与乳化剂有关外，还包括适宜的乳化方法、温度、乳化速度等。常用的乳化方法有：

① 转相乳化法（PTI）。在一较大容器中制备好内相（如若要制取 O/W 型乳状液，内相为油相），将另一相（外相，即水相）在搅拌下按细流形式或一份一份地加入。先形成 W/O 型乳状液，随水相增加，乳状液逐渐增稠，但在水相加至一定量时，发生相反转，乳状液突然变稀，并转变成 O/W 型乳状液，然后继续将余下的水相加入，最终得到 O/W 型乳状液，此种方法称为转相乳化法。该法得到的乳状液其颗粒分散很细且均匀。该法在转相前应给予乳化体系充分的搅拌，一定要保证乳化体系的均匀，特别是转相前的临界点一定要特别注意。一旦完成相转移过程，再强烈的搅拌也不会使乳液粒子的粒径发生变化。

② 自然乳化法。将乳化剂加入油相中，混匀，使用时将其一次性、分批或细流加入水中，通过搅拌即能将油很好地分散于水中的方法。矿物油、石蜡之类易于流动的液体常采用这种方法进行乳化，黏度较高的油可在较高温度下进行乳化。自然乳化是水的微滴进入油中并形成通道，然后将油分散开来。因此使用多元醇乳化剂不容易实现自然乳化。

③ 机械强制乳化法。均质器和胶体磨都是用于强制乳化的机械，这类机器用相当大的剪切力将被乳化物撕成很细微的均匀粒子，形成稳定的乳液。所以用转相乳化法和自然乳化法不能制备的乳液，可以尝试采用机械强制乳化法进行乳化。

在各种液体洗涤制备工艺中，除上述已经介绍的工艺和设备外，还涉及对产品特性的调整，如加香、加色、调黏度、调透明度、调 pH 值等，一般这些特性的调整均通过添加相应的助剂实现。

3.3.3　后处理

（1）过滤　从配制设备中制得的洗涤剂在包装前需滤去机械杂质。一般可选用滤布（多用 200 目）来实现。

（2）均质老化　乳化工艺所制得的乳液，其稳定性往往较差，如果用均质器或胶体磨进行均质，使乳液中的分散相颗粒更加细小，更加均匀，则产品更加稳定。经均质或搅拌混合的制品，放在储罐中静置老化几小时，待其性能稳定后再进行包装。

（3）脱气　由于混合或乳化过程中的搅拌和表面活性剂共同作用，液体洗涤剂中常常混有气泡。气泡自然排出的时间较长，且能使产品的稳定性和储存性变差，并能使包装计量不准确，特别是黏度较大的液体洗涤剂尤为突出。在生产中可采用真空乳化工艺或乳化后采用真空低速搅拌一段时间的方法，使产品中的气泡排出。

3.3.4　灌装

产品的灌装质量与内在质量同等重要。因此，在生产过程的最后一道工序，灌装质量的好坏，将在很大程度上影响产品的销售。对于塑料瓶包装，正规生产应使用灌装机包装流水线进行灌装，小批量生产可采用高位槽手工灌装。灌装过程应严格控制灌装量，做好封盖，贴标签、装箱和记载批号、合格证等。袋装产品通常应使用灌装机灌装封口。灌装机从对物料的包装角度可分为液体灌装机、

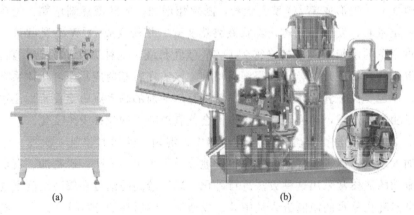

（a）　　　　　　　　　　　　　　　　（b）

图 3-13　液体定量灌装机（a）和乳剂灌装线（b）

膏体灌装机、粉剂灌装机、颗粒灌装机；从生产的自动化程度来讲分为半自动灌装机和全自动灌装生产线。液体定量灌装机和乳剂灌装线见图 3-13。

3.4 浆状洗涤剂的生产工艺与设备

浆状洗涤剂的生产关键要使成品稳定而均匀，呈黏稠的胶态分散体，不致因长期储存和气温变化而产生分层、结块、结晶或变为流体等现象。生产设备除反应釜外，还要增加三辊研磨机，通过研磨增加胶体的稳定性。

生产是将活性单体用泵打入反应釜，加水，用蒸汽夹套加热至规定温度，搅拌，依次投入助剂如尿素、硫酸钠、羧甲基纤维素、三聚磷酸钠、碳酸钠等，搅拌均匀，冷却，出料，再通过研磨机研磨，即得成品。

浆状洗涤剂的配方中应严格控制无机盐的含量，如硫酸钠、碳酸钠等的加入量，防止结晶析出。添加尿素对无机盐可产生络合作用，可增进成品在低温下的流动性，加入酒精可防止产品在低温下裂开。浆状洗涤剂中的活性物最好以脂肪醇硫酸盐或非离子活性剂为主，也可加用烷基苯磺酸钠，但手感粗糙。

第4章

洗涤剂分析、性能评测与安全评价

4.1　洗涤剂的分析

为保证生产出高品质的洗涤剂产品，应该有效地控制原料、中间体及其最终成品的质量。因此，洗涤剂分析包括原材料、中间体及成品分析。本书从洗涤剂系统分离分析、理化性质、表面活性剂、助剂、油脂与脂肪酸、肥皂、洗衣粉和洗涤剂等方面对洗涤剂的分析进行介绍。

4.1.1　洗涤剂系统分离分析法

（1）试样的分样

① 粉状样品。用锥形分样器或回转分样器进行分样，将每份样全部放入密封瓶或烧瓶内。所取试样量不应少于10g，大批样品不能通过一次分样得到所需量时，则可将逐级分开的样品合并。

② 浆状样品。将原始样品加热到35～40℃，采用混合器立即混合2～3min，直到混合均匀，使用刮勺取出所需量样品，并转入适当的已称量并配有玻璃塞的容器内。使容器内的样品冷却至室温，再称量以得到分样的质量。

③ 液体样品。将样品用搅拌器混合均匀（若有固体沉淀，应加热升温至30℃），然后用烧瓶或移液管立即取出所需量的样品。

采样后应尽可能快地进行分析或试验；如不能，应立即将试样保存在原先的条件下，直到进行分析时为止。

（2）活性物的分离方法

① 乙醇萃取法。对于含有硫酸钠、碳酸钠、磷酸盐、硅酸盐、硼酸盐、氯化钠等无机盐的表面活性剂制品，一般可选用95％乙醇作为萃取剂。方法如下：

精确称取 2.0g 试样于已恒重并带有玻璃棒的 200mL 烧杯中，加入 100mL 95％乙醇，用表面皿盖好，置于沸水浴上加热，并经常搅拌，以使样品尽量溶解或分散。静置，将清液小心地转入已衡重的 G2 耐酸过滤漏斗中（尽可能将乙醇不溶物留在烧杯中），真空抽滤至抽滤瓶中。再向烧杯内加入 25mL 热的 95％乙醇，对不溶物再次溶解，将烧杯置于沸水浴上，充分搅拌、静置，将清液转入 G2 过滤漏斗中，如此重复操作两次后，用少量热乙醇将烧杯、漏斗中存留的活性物尽量洗干净，将抽滤瓶中的清液转入已恒重的 500mL 烧杯中，将烧杯置于 80℃水浴中将乙醇蒸发干。再将烧杯置于（103±2）℃的烘箱内 15min。取出后置硅胶干燥器内冷却 0.5h 后，精确称量即得到活性物的质量。同时将带有玻璃棒的烧杯及过滤漏斗至于（103±2）℃的烘箱内烘 1.5h，取出后置硅胶干燥器内冷却 0.5h 后精确称量即得到无机盐的质量。

② 索氏萃取器法。准确称取一定量足以产生 0.5～1.0g 活性物试样，置于卷成适当长度的滤纸筒中，注意不得超过虹吸管高度。于萃取瓶中加入 95％乙醇 120mL，在水浴上加热、萃取 8h，冷却。将瓶内萃取液转移入已称量的锥形瓶中，在水浴上蒸干，残留物于（103±2）℃烘箱中恒重。亦可预先将烧瓶称量，直接操作，以免转移时损失。如果试样含有水分，操作方法如下：称取相当于 0.5～1.0g 活性物试样，定量转移至 250mL 烧杯中，用 100mL 95％乙醇在回流下加热 0.5h，如果溶液为强碱性，则用硫酸中和至酚酞终点。冷却，加入 50mL 苯，蒸馏出约 60mL，趁热倒出并过滤烧杯中清液于 500mL 烧杯中，以除去杂质。用 50mL 95％乙醇沸煮 15min，过滤，合并全部滤液并蒸发至 50mL。将其定量转移至已称重的结晶皿中，在蒸汽浴上蒸发至干，在（105±2）℃烘箱中或真空烘箱中干燥至恒重。

③ 丙酮萃取法。本方法是烷基芳基磺酸盐的工业分析方法，萃取物中同时含有氯化钠和水分。准确称取 0.5～1g 干试样或 2～2.5g 均匀的浆料于已称重的 250mL 烧杯中，如果是粉状或颗粒状则加 5mL 水至呈糊状或分散该粉末，需要时可加热。用已称量的玻璃棒有力地搅拌，慢慢地加入 100mL 热丙酮。再加另外 100mL 丙酮，搅拌，让沉淀沉降。轻轻将上层清液倒入干燥的已称量的 60mL 中孔烧结玻璃漏斗中，用 50mL 丙酮分两次洗涤掺渣，计算收集到的盐的质量。接着用共蒸馏法或卡尔·费休法测定另一试样中的水分含量，用 K_2CrO_4 作指示剂，用硝酸盐标准溶液 $[c(AgNO_3)=0.1mol/L]$ 滴定丙酮萃取物中的氯化钠。

（3）不同离子类型表面活性剂的分离方法　阳离子-两性离子-非离子表面活性剂的分离：混合物用乙醇萃取除去非醇溶性无机物，将乙醇萃取液在 50℃下进行真空干燥，称取一定量的干燥样品，用 75％乙醇溶解。再分别用羟基型强碱性阴离子交换树脂柱、离子交换纤维素填充柱、羧酸型阳离子树脂填充柱、磺酸型阳离子交换树脂填充柱进行分离。其分离体系如图 4-1 所示。

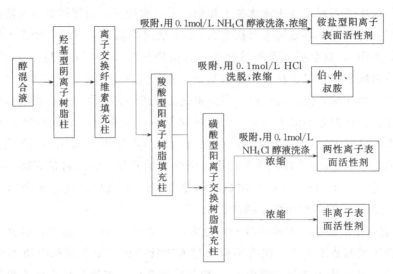

图 4-1 阳离子-两性离子-非离子表面活性剂分离体系图

阴离子-两性离子-非离子表面活性剂的分离：乙醇萃取液分别用磺酸阳离子交换树脂柱、离子交换纤维素填充柱、羟基型阴离子交换树脂填充柱进行分离。其分离体系如图 4-2 所示。其中，阴离子表面活性剂、两性表面活性剂和非离子表面活性剂的混合体系用的分离方法与 Bey 和永井的方法相似。

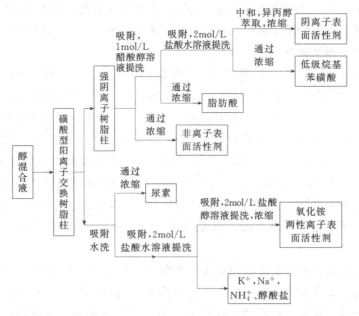

图 4-2 阴离子-两性离子-非离子表面活性剂分离体系图

阴离子-非离子表面活性剂的分离：乙醇萃取液先用磺酸型阳离子交换树脂脱除无机物，然后再用离子交换纤维素柱实现阴离子表面活性剂和非离子表面活性剂的分离，其分离体系见图4-3。

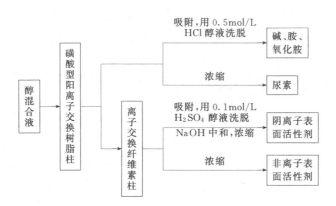

图 4-3　阴离子-非离子表面活性剂分离体系图

（4）同离子类型表面活性剂的分析

阴离子表面活性剂的分离分析：阴离子表面活性剂混合物的分离分析方法，可参考 C. Kortland 和 H. F. Dammers 分离试样的方法。该法将含有：稳泡剂、未反应物、脂肪酸皂、硫酸化脂肪酸、蛋白质脂肪酸缩合物、脂肪醇硫酸盐、仲烷基硫酸盐、烷基苯/甲苯硫酸盐、烷基萘磺酸盐、烷基磺酸盐、二烷基琥珀酸酯磺酸盐、脂肪酸酰胺硫酸盐或磺酸盐、硫酸化油、脂肪酸酯硫酸盐的样品50～100g/L溶于10%～12%的异丙醇水溶液中，用乙醚-戊烷（1∶1）萃取分离。分离方法参考图4-4。

阳离子表面活性剂的分离分析：阳离子表面活性剂包括锍化物、季铵盐、吡啶化合物和高摩尔质量胺的盐酸盐。锍化物不含氮，可以方便地和其他3种阳离子表面活性剂区分开来（任何含氮化合物都可以用碱性溴溶液处理而除去）。当用碱处理时，高摩尔质量胺的盐酸盐能释放出胺来。用醋酸铜溶液处理（或硫氰酸钾溶液）可以区别其余两种阳离子表面活性剂。分离方法如图4-5所示。

非离子表面活性剂的分离分析：非离子表面活性剂一般可分为聚氧乙烯衍生物和多元醇单脂肪酸酯两大类。可以通过硫氰酸钴盐试验将它们分开。加入硫氰酸钴盐试剂，聚氧乙烯衍生物便产生蓝色或沉淀。聚氧乙烯衍生物这一类表面活性剂，可以根据在酸性介质中的稳定性差别来区分。图4-6为聚氧乙烯类非离子表面活性剂分离分析图，其中的表面活性剂包括：脂肪酸烷醇酰胺聚氧乙烯加合物、脂肪酸聚氧乙烯酯、烷基萘聚氧乙烯加合物、烷基酚聚氧乙烯加合物、脂肪胺聚氧乙烯加合物、脂肪醇聚氧乙烯加合物、聚氧乙烯聚氧丙烯加合物。

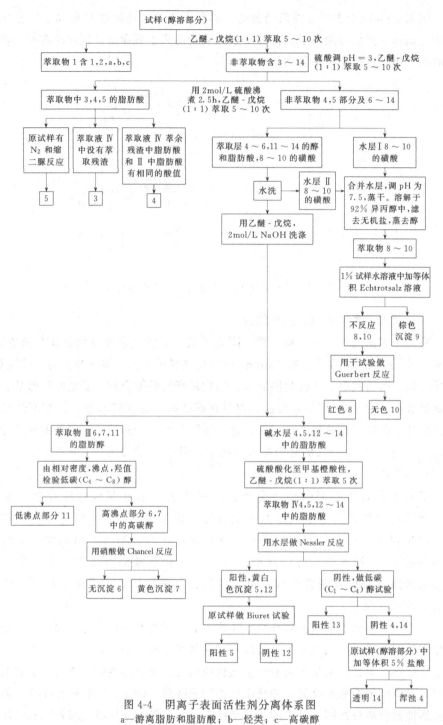

图 4-4 阴离子表面活性剂分离体系图

a—游离脂肪和脂肪酸；b—烃类；c—高碳醇

1—稳泡剂；2—未反应物；3—脂肪酸皂；4—硫酸化脂肪酸；5—蛋白质脂肪酸缩合物；6—脂肪醇硫酸盐；7—仲烷基硫酸盐；8—烷基苯/甲苯磺酸盐；9—烷基萘磺酸盐；10—烷基磺酸盐；11—二烷基琥珀酸酯磺酸盐；12—脂肪酸酰胺硫酸盐或磺酸盐；13—硫酸化油；14—脂肪酸酯硫酸盐

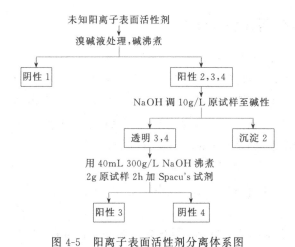

图 4-5　阳离子表面活性剂分离体系图

1—硫化物；2—高分子铵盐；3—吡啶化合物；4—季铵化合物

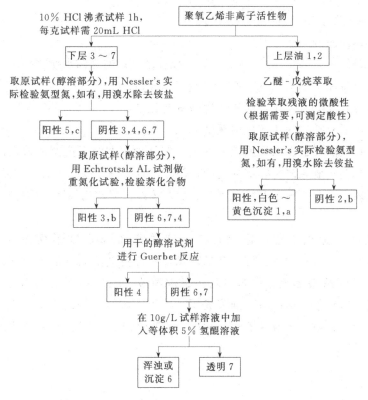

图 4-6　聚氧乙烯类非离子表面活性剂分离体系图

(a 可能和聚乙二醇脂肪酸酯相混；b 可能和 4,6,7 相混；c 可能和 3,4,7 相混)

1—脂肪酸烷醇酰胺聚氧乙烯加合物；2—脂肪酸聚氧乙烯酯；3—烷基萘聚氧乙烯加合物；4—烷基酚聚氧乙烯加合物；5—脂肪胺聚氧乙烯加合物；6—脂肪醇聚氧乙烯加合物；7—聚氧乙烯聚氧丙烯加合物

4.1.2　洗涤剂理化性质分析

（1）粉状洗涤剂

颗粒度：颗粒度是根据筛分的结果测定各种颗粒的含量，其方法有机械筛分法和手工筛分法。机械筛分法先称取 100g 试样倒入已按顺序安装好的标准筛（上层 20 目，下层 80 目）上，安装于康氏振荡仪上，振荡 5min 后取下，称取筛子上和盘内试样的质量。计算方法见式(4-1)。

$$颗粒度 = [m_0 + (m_1 - m_2)]/m_0 \tag{4-1}$$

式中，m_0 为试样总质量，g；m_1 为大于 20 目试样质量，g；m_2 为小于 80 目试样质量，g。

视密度：将已称重的 1000mL 量杯置于漏斗下，称取 2500g 试样慢慢倒入漏斗至满刻度，齐刻度刮平后称重，计算方法见式(4-2)。

$$视密度 = m_1/1000 \tag{4-2}$$

式中，m_1 为量杯中的试样质量，g。

（2）液体洗涤剂

pH：称取 0.1g 试样，加 100mL 新煮沸且已冷却的蒸馏水搅拌使试样溶解，使溶液温度保持在 25℃，在酸度计上测量其 pH 值。

活性碱度：NaOH 和 KOH 所产生的碱度。

总碱度：所有盐、碱所产生的碱度。

黏度：将被测样品倒入恒温控制的测量容器内，调节温度至所选定的温度，然后将所选的转子放入测量容器内接到转轴上，转子浸在试样中心，样品液面在转子液位标线，并防止转子产生气泡，然后，按照仪器使用说明书操作，测量试样黏度。

游离碱度或游离酸度：称取约 10g 试样到 250mL 锥形瓶中（称准至0.004g），加入 100mL 中性乙醇，并摇动试样使之完全溶解，加 10 滴酚酞指示液（10g/L）。若溶液无色，用氢氧化钠标准溶液 $[c(\text{NaOH}) = 0.1\text{mol/L}]$ 滴定；若溶液为粉红色，用盐酸标准溶液 $[c(\text{HCl}) = 0.1\text{mol/L}]$ 滴定。1g 试样中的氢氧化钾的毫克数或中和 1g 试样所需的氢氧化钾毫克数表示为碱值或酸值。计算公式见式(4-3)：

$$X = \frac{Vc \times 56.1}{m} \tag{4-3}$$

式中　X——试样的碱值或酸值（以 KOH 计），mg/g；

$\quad\quad m$——试样质量，g；

$\quad\quad V$——滴定消耗标准溶液的体积，mL；

$\quad\quad c$——所用标准溶液的实际浓度，mol/L；

56.1——氢氧化钾的摩尔质量 $[M(KOH)]$，g/mol。

硬水中稳定性：称取 50g 试样（称准至 0.01g）溶于 1000mL 20℃的蒸馏水中，配成试液。若 20℃不易溶解，则在 50℃时配制。含有不溶性无机物的表面活性剂试样配成试液后需离心分离，直至清晰，备用。取 15 只平底比色管分成 3 组，每组 5 只，用移液管分别吸取 5.0mL、2.5mL、1.2mL、0.6mL、0.3mL 试液分别置于每组的各个试管中。在 3 组试管中分别加入 S_1（钙离子浓度 120.24mg/L）、S_2（钙离子浓度 180.36mg/L）、S_3（钙离子浓度 240.48mg/L）已知钙硬度的硬水溶液至 50mL 刻度处，塞住瓶塞将各试管慢慢上下翻转，每秒 1 次，重复 10 次，操作时尽量避免产生泡沫。将该 15 只试管在（20±2）℃情况下静置 1~2h，然后观察溶液的外观，按清晰、乳色、浑浊、少量沉淀和大量沉淀进行评定。如果钙盐的稳定性随温度升高而增加，则在（50±3）℃进行试验并在此温度进行观察，按照液体的外观分别为清晰、乳色、浑浊、少量沉淀和大量沉淀，分别将测试结果评为 5 分、4 分、3 分、2 分、1 分。将 15 只试管的评分总和按不同分值区分稳定性，其中 15~18 分稳定性为 1 级，19~37 分稳定性为 2 级，38~56 分稳定性为 3 级，57~74 分稳定性为 4 级，75 分稳定性为 5 级。1 级表示某种表面活性剂在硬水中的稳定性最差，5 级表示某种表面活性剂在硬水中的稳定性最好。

临界溶解温度：将 1%离子型表面活性剂水溶液在水浴中逐渐升温，直至溶液呈透明为止，重复多次，直至恒值，所得温度即为临界溶解温度。

临界胶束浓度（CMC）：在低浓度表面活性剂溶液中，随着表面活性剂含量的逐渐增加，在一个很小的浓度区间内，溶液的表面张力迅速下降，该浓度区间即为临界胶束浓度。在临界胶束浓度区，除表面张力外，溶液的其他性质如渗透压、电导率、折射率等性质也有突然的变化，所以临界胶束浓度的测定方法有表面张力法、电导法、折射率法等。以油酸钠为例，其电导率测定 CMC 的方法为：分别移取 0.1mL、0.2mL、0.5mL、0.8mL、1.0mL、2.0mL、3.0mL、4.0mL、6.0mL 油酸钠于 100mL 容量瓶中定容，在 25℃恒温条件下测定各溶液的电导率，作浓度-电导率曲线，从中找出临界胶束浓度区。

表面张力测定：①拉膜法。将 U 形或圆形铂环放在测量杯中待测试液的表面，当拉起铂环时，有一作用力垂直作用于环上，测量环与表面分离所需的最大力，通过计算可求出该液体的表面张力。该法有专用的表面张力仪。②滴体积法。当液体在滴管口成液滴时，落点大小与管口半径以及液体的表面张力有关，通过式(4-4)可以计算液体表面张力。该法可用接触角测量仪等仪器。

$$mg = 2\pi R\gamma \tag{4-4}$$

式中，m 为液滴质量，g；g 为重力加速度，m/s^2；R 为滴管口半径，m；γ 为液体表面张力，mN/m。

泡沫的测定：将 0.148g $MgSO_4 \cdot 7H_2O$ 和 0.132g $CaCl_2$ 定容于 1L 容量瓶中，制成备用硬水。称取 2.5g 试样，用硬水定容至 1L，在 40℃ 水浴中恒温，调节好罗氏泡沫仪，水温亦控制在 40℃，将恒温的试液充入其刻度管内至 50mL，另在滴液管注入 200mL 试液，安放好后打开活塞，当溶液流完时立即开动秒表，记录泡沫当时的高度和 5min 后的高度。

润湿性测定：润湿是液固两相间的界面现象，其测试方法有帆布沉降法、纱带沉降法和接触角测定法。其中，帆布沉降法是通过机械作用使一定大小标准规格的帆布浸入液体中，在液体渗透帆布前，帆布由于浮力而悬浮在液体中，一定时间后，帆布被浸透，其密度大于液体的密度而下沉。不同液体对帆布润湿力的大小表现在沉降时间的长短上，故可以沉降时间作为比较润湿力大小的标准。纱带沉降法与帆布沉降法在原理上相同，以纱带沉降时间作为比较润湿力大小的标准。接触角测量法是将液滴放在平面板上，再通过反光系统及放大系统将液滴放大，然后测定其接触角的大小，从而得到该液体的润湿性。接触角测量法也可用来测量表面活性剂和固体界面的表面张力。一般认为，当液滴不大于 $5\mu L$ 时，重力对液滴产生的影响可以忽略，即可以认为重力不对接触角产生影响。

分散试验：分散试验能测试表面活性剂使液体中的固体微粒分散成细小的质点而不容易结块下沉的能力，其通常以油酸钠在一定硬水中所需分散剂的质量分数来表示该分散剂的分散指数。测试分散指数时先称取 2~3g 油酸钠于 500mL 水中，加热溶解，再加 0.5g Na_2CO_3，调节溶液 pH=8~9，制成油酸钠溶液。取 0.665g $CaCl_2$、0.986g $MgCO_3 \cdot 7H_2O$ 用蒸馏水定容至 1L。取 5mL 油酸钠溶液于具塞量筒中，加 5mL 0.25% 试液、10mL 硬水和 10mL 蒸馏水，加塞后倒转量筒又再倒回，静置 30s，重复 20 次，观察溶液的状况。如透明溶液中有凝聚沉淀，需增加分散剂的量，直至量筒内呈均匀半透明，无块状凝聚物。分散指数（LSDP）由式(4-5)计算得到。

$$LSDP = \frac{0.25\% V}{0.5\% \times 5} \times 100\% \tag{4-5}$$

式中，V 为所需分散剂的体积，mL。

乳化试验：乳化试验能测试表面活性剂使水和油两种互不相溶液体转化为乳状液的能力。不同的乳化对象，表面活性剂呈现不同的乳化力。测试乳化力的方法有两种，方法一：在 40mL 0.1% 表面活性剂试液中加入 40mL 矿物油，用力振荡数下，静置 1min，重复 5 次，将液体倒入 100mL 量筒中，立即用秒表记录时间，此时水油两相逐渐分开，至水相分出 10mL 时记下时间。方法二：在 55mL 水和 40mL 油（煤油、苯、四氯乙烯、三氯乙烯、松节油等）的混合液加入 5mL 0.1% 表面活性剂溶液，充分混合 1h，观察油层和水层的分离情况，记录油层和水层的体积。

增溶试验：分别移取 0.1mL、0.2mL、0.5mL、0.8mL、1.0mL、1.2mL、1.4mL、1.6mL、1.8mL 和 2.0mL 苯于 100mL 容量瓶中，加入 50mL 0.2mol/L 试液摇匀后放置过夜。分别往容量瓶中加入 30mL 水，在 50℃ 恒温水浴中放置 30min，取出冷却后定容。在 560nm 波长处测定其吸光值。作 A-V 曲线，找出增溶极限值，其值为增溶能力，由式(4-6)计算得到。

$$增溶能力 = V_苯 \times \frac{1000}{cV} \tag{4-6}$$

4.1.3 表面活性剂分析

表面活性剂分析包括：定性分析、理化性质分析、性能测试、定量分析、生物降解度试验、未知表面活性剂的鉴定方法、分离和纯化、系统分析等，以下是一些表面活性剂分析的国家或行业标准。

GB/T 6371—2008　　表面活性剂　纺织助剂　洗涤力的测定

GB/T 5550—2016　　表面活性剂　分散力测定方法

QB/T 1223—2012　　表面活性剂　用作试验溶剂的水　规格和试验方法

GB/T 11275—2007　　表面活性剂　含水量的测定

GB/T 17831—1999　　非离子表面活性剂　硫酸化灰分的测定（重量法）

GB/T 15916—2012　　表面活性剂　螯合物含量的测定　滴定法

GB/T 5551—2010　　表面活性剂　分散剂中钙、镁离子总含量的测定方法

GB/T 6366—2012　　表面活性剂　无机硫酸盐含量的测定　滴定法

GB/T 7383—2007　　非离子表面活性剂　羟值的测定

GB/T 13892—2012　　表面活性剂　碘值的测定

GB/T 5559—2010　　环氧乙烷型及环氧乙烷-环氧丙烷嵌段聚合型非离子表面活性剂　浊点的测定

GB/T 16497—2007　　表面活性剂　油包水乳液贮藏稳定性的测定

GB/T 6367—2012　　表面活性剂　已知钙硬度水的制备

GB/T 15818—2006　　表面活性剂生物降解度试验方法

GB/T 5561—2012　　表面活性剂　用旋转式粘度计测定粘度和流动性质的方法

GB/T 7462—1994　　表面活性剂　发泡力的测定　改进 Ross-Miles 法

GB/T 5173—1995　　表面活性剂和洗涤剂　阴离子活性物的测定　直接两相滴定法

GB/T 17041—2012　　表面活性剂　乙氧基化醇和烷基酚硫酸盐活性物质

总含量的测定

GB/T 7378—2012	表面活性剂　碱度的测定　滴定法
GB/T 7385—2012	非离子型表面活性剂　聚乙氧基化衍生物中氧乙烯基含量的测定　碘量法
GB/T 11543—2008	表面活性剂　中、高粘度乳业的特性测试及其乳化能力的评定方法
GB/T 13173—2008	表面活性剂　洗涤剂试验方法
GB/T 11983—2008	表面活性剂　润湿力的测定　浸没法
GB 11985—1989	表面活性剂　界面张力的测定　滴体积法
GB 11986—1989	表面活性剂　粉体和颗粒休止角的测量
GB 11987—1989	表面活性剂　工业烷烃磺酸盐　总烷烃磺酸盐含量的测定
GB/T 11988—2008	表面活性剂　工业烷烃磺酸盐　烷烃单磺酸盐平均相对分子质量及含量的测定
GB/T 20199—2006	表面活性剂　工业烷烃磺酸盐　烷烃单磺酸盐含量的测定（直接两相滴定法）
HG/T 2156—2009	工业循环冷却水中阴离子表面活性剂的测定　亚甲基蓝分光光度法
GB/T 9290—2008	表面活性剂　工业乙氧基化脂肪胺　分析方法
GB/T 9291—2008	表面活性剂　高温条件下分散染料染聚酯织物时匀染剂的抑染作用测试法
GB/T 9292—2012	表面活性剂　高温条件下分散染料染聚酯织物用匀染剂的移染性测试法
GB/T 6372—2006	表面活性剂和洗涤剂　样品分样法
GB/T 11989—2008	阴离子表面活性剂　石油醚溶解物含量的测定
GB/T 6365—2006	表面活性剂　游离碱度或游离酸度的测定　滴定法
GB/T 6369—2008	表面活性剂　乳化力的测定　比色法
GB/T 5549—2010	表面活性剂　用拉起液膜法测定表面张力
GB/T 5553—2007	表面活性剂　防水剂　防水力测定法
GB/T 11276—2007	表面活性剂　临界胶束浓度的测定
GB/T 11277—2012	表面活性剂　非离子表面活性剂　浊点指数（水数）的测定　容量法
GB/T 7381—2010	表面活性剂　在硬水中稳定性的测定方法
GB/T 5327—2008	表面活性剂　术语
GB 5328—1985	表面活性剂简化分类

GB/T 15357—2014	表面活性剂和洗涤剂 旋转粘度计测定液体产品的粘度和流动性质
GB/T 6368—2008	表面活性剂 水溶液 pH 值得测定 电位法
QB 1915—1993	阳离子表面活性剂脂肪烷基三甲基卤化铵及脂肪烷基二甲基苄基卤化铵
GB 7494—1987	水质 阴离子表面活性剂的测定 亚甲蓝分光光度法
QB/T 2118—2012	两性表面活性剂 十一烷基咪唑啉
QB/T 2344—2012	两性表面活性剂 脂肪烷基二甲基甜菜碱
GB/T 5558—2015	表面活性剂 丝光浴用润湿剂的评价
HG/T 3505—2000	表面活性剂 皂化值的测定
HG/T 3506—1999	表面活性剂 试验用水或水溶液电导率测定
GB/T 7463—2008	表面活性剂 钙皂分散力的测定 酸量滴定法（改进 Schoenfeldt 法）
GB/T 6370—2012	表面活性剂 阴离子表面活性剂 水中溶解度的测定
GB/T 17830—1999	聚乙氧基化非离子表面活性剂中聚乙二醇含量的测定 高效液相色谱法
QB/T 1223—2012	表面活性剂 用作试验溶剂的水 规格和试验方法
QB 1915—1993	阳离子表面活性剂脂肪烷基三甲基卤化铵及脂肪烷基二甲基苄基卤化铵
GB/T 5560—2003	非离子表面活性剂 聚乙二醇含量和非离子活性物（加成物）含量的测定 Weibull 法
GB/T 5555—2003	表面活性剂 耐酸性测试法
GB/T 5556—2003	表面活性剂 耐碱性测试法
GB/T 6373—2007	表面活性剂 表观密度的测定
GB 1886.27—2015	食品添加剂 蔗糖脂肪酸酯
GB 10617—2005	食品添加剂蔗糖脂肪酸酯（丙二醇法）

4.1.4 助剂分析

(1) 三聚磷酸钠的分析

GB/T 9983—2004	工业三聚磷酸钠
GB/T 9984—2008	工业三聚磷酸钠试验方法

(2) 洗涤剂用沸石的分析

GB/T 6286—1986	分子筛堆积密度测定方法

GB/T 6287—1986   分子筛静态水吸附测定方法

GB/T 6288—1986   粒状分子筛粒度测定方法

HG/T 2691—1995   沸石分子筛动态二氧化碳吸附的测定

QB/T 1768—2003   洗涤剂用4A沸石

SH/T 0571—1993   催化剂中沸石表面积测定法

YS/T 667.3—2009   化学品氧化铝化学分析方法　第3部分 4A沸石中镉、铬、钒含量的测定　电感耦合等离子体发射光谱法

YS/T 869—2013   4A沸石化学成分分析方法 X射线荧光法

YS/T 667.4—2009   化学品氧化铝化学分析方法　第4部分 4A沸石中砷、汞含量的测定　氢化物发生-电感耦合等离子体发射光谱法

（3）洗涤剂用羧甲基纤维素钠的分析

GB/T 12028—2006   洗涤剂用羧甲基纤维素钠

QB/T 2318—2012   口腔清洁护理用品　牙膏用羧甲基纤维素钠

（4）荧光增白剂分析

FZ/T 01137—2016   纺织品　荧光增白剂的测定

GB/T 10661—2010   荧光增白剂 VBL（C.I. 荧光增白剂 85）

GB/T 21883—2016   荧光增白剂　荧光强度的测定

GB/T 23979.1—2009   荧光增白剂　增白强度和色光的测定　棉织物染色法

GB/T 23979.2—2009   荧光增白剂　增白强度和色光的测定　纸张染色法

GB/T 29598—2013   荧光增白剂中三嗪类杂质的限量与测定

GB/T 30798—2014   食品用洗涤剂试验方法　荧光增白剂的测定

GB/T 33401—2016   液体荧光增白剂产品中尿素含量的测定

GB/T 9338—2008   荧光增白剂　相对白度的测定　仪器法

HG/T 2555—2010   荧光增白剂 DCB（C.I. 荧光增白剂 121）

HG/T 2556—2009   荧光增白剂 DT（C.I. 荧光增白剂 135）

HG/T 2590—2009   荧光增白剂 ER（C.I. 荧光增白剂 199）

HG/T 3675—2016   荧光增白剂 CXT（C.I. 荧光增白剂 71）

HG/T 3703—2016   荧光增白剂 OB-1（C.I. 荧光增白剂 393）

HG/T 3725—2012   荧光增白剂 CF-127

HG/T 3726—2010   荧光增白剂 351（C.I. 荧光增白剂 351）

HG/T 3727—2010   荧光增白剂 220（C.I. 荧光增白剂 220）

HG/T 3967—2007   荧光增白剂 MST-H（C.I. 荧光增白剂 353）

HG/T 3970—2007	荧光增白剂 SH（C. I. 荧光增白剂 210）
HG/T 3971—2007	荧光增白剂 HST（C. I. 荧光增白剂 357）
HG/T 3990—2007	荧光增白剂 BA（C. I. 荧光增白剂 113）
HG/T 4034—2014	荧光增白剂 SWN（C. I. 荧光增白剂 140）
HG/T 4432—2012	液体荧光增白剂
HG/T 4433—2012	荧光增白剂 5BM
HG/T 4636—2014	荧光增白剂 4BK
HG/T 4707—2014	荧光增白剂 OB（C. I. 荧光增白剂 184）
HG/T 4796—2014	荧光增白剂 4BM（C. I. 荧光增白剂 28）
HG/T 4797—2014	液状荧光增白剂 86
HG/T 4969—2016	荧光增白剂 230
HG/T 4969~4973—2016	荧光增白剂 230、ANC、KSN 以及分散黑 ECT300％和弱酸性红 F-GRS（2016）
HG/T 4972—2016	荧光增白剂 ANC
HG/T 4973—2016	荧光增白剂 KSN
HG/T 5097—2016	荧光增白剂 KCB（C. I. 荧光增白剂 367）
HG/T 5098—2016	荧光增白剂 OM（荧光增白剂 ER-Ⅳ）
HG/T 5135—2016	荧光增白剂 MP（荧光增白剂 ER-Ⅴ）
HG/T 5136—2016	荧光增白剂 OB-2
QB/T 2953—2008	洗涤剂用荧光增白剂
GB 31604.47—2016	食品安全国家标准　食品接触材料及制品　纸、纸板及纸制品中荧光增白剂的测定
SN/T 4396—2015	出口食品中荧光增白剂 85、荧光增白剂 71 和荧光增白剂 113 的测定　液相色谱-质谱/质谱法
SN/T 4490—2016	进出口纺织品　荧光增白剂的测定

（5）酶制剂分析

GB/T 20370—2006	生物催化剂　酶制剂-分类导则
GB/T 23527—2009	蛋白酶制剂
GB/T 23535—2009	脂肪酶制剂
GB/T 24401—2009	α-淀粉酶制剂
QB/T 1803—1993	工业酶制剂通用试验方法
QB/T 1804—1993	工业酶制剂通用检验规则和标志、包装、运输、贮存
QB 1806—1993	洗涤剂用碱性蛋白酶制剂
QB/T 2583—2003	纤维素酶制剂
QB/T 4481—2013	β-葡聚糖酶制剂

QB/T 4482—2013　　碱性果胶酶制剂

QB/T 4483—2013　　木聚糖酶制剂

QB/T 4614—2013　　工业用过氧化氢酶制剂

QB/T 4915—2016　　工业用角质酶制剂

（6）其他无机助剂的分析

GB/T 4209—2008　　工业硅酸钠

HG/T 2568—2008　　工业偏硅酸钠

HG/T 4315—2012　　工业速溶粉状硅酸钠

GB/T 26519.1—2011　　工业过硫酸盐　第1部分：工业过硫酸钠

GB/T 6009—2014　　工业无水硫酸钠

GB/T 637—2006　　化学试剂　五水合硫代硫酸钠（硫代硫酸钠）

GB/T 9853—2008　　化学试剂　无水硫酸钠

HG/T 2074—2011　　保险粉（连二亚硫酸钠）

HG/T 2826—2008　　工业焦亚硫酸钠

HG/T 2967—2010　　工业无水亚硫酸钠

HG/T 4535—2013　　化妆品用硫酸钠

DB63/T 1296—2014　　工业碳酸钠中氯化钠、硫酸盐含量的测定　离子色谱法

GB/T 210.2—2004　　工业碳酸钠及其试验方法　第2部分：工业碳酸钠试验方法

GB/T 4348.1—2013　　工业用氢氧化钠　氢氧化钠和碳酸钠含量的测定

HG/T 2764—2013　　工业过氧碳酸钠

HG/T 2959—2010　　工业水合碱式碳酸镁

HG/T 4314—2012　　工业无磷过氧碳酸钠

HG/T 2518—2008　　工业过硼酸钠

HG/T 518—1993　　工业过硼酸钠

HG/T 4131—2010　　工业硅酸钾

HG/T 3688—2010　　高品质片状氢氧化钾

4.1.5　油脂与脂肪酸分析

油脂与脂肪酸分析包括油脂的物理性质分析、色泽的测定、碘值的测定、皂化值的测定、酸值的测定、凝固点的测定、水分测定、相对密度的测定、不皂化物的测定、总脂肪的测定、脂肪酸组成分析等。

GB/T 12529.4—2008　　粮油工业用图形符号、代号　第4部分：油脂工业

GB/T 12766—2008　　动物油脂　熔点测定

GB/T 15687—2008	动植物油脂　试样的制备
GB/T 15688—2008	动植物油脂　不溶性杂质含量的测定
GB/T 5009.168—2016	食品安全国家标准　食品中脂肪酸的测定
GB/T 20795—2006	植物油脂烟点测定
GB/T 21121—2007	动植物油脂　氧化稳定性的测定（加速氧化测试）
GB/T 21495—2008	动植物油脂　具有顺,顺 1,4-二烯结构的多不饱和脂肪酸的测定
GB/T 21496—2008	动植物油脂　油脂沉淀物含量的测定　离心法
GB/T 21497—2008	动植物油脂　定温闪燃测试　彭斯克-马丁闭口杯法
GB/T 22328—2008	动植物油脂　1-单甘酯和游离甘油含量的测定
GB/T 22460—2008	动植物油脂　罗维朋色泽的测定
GB/T 22480—2008	动植物油脂　聚乙烯类聚合物的测定
GB/T 22500—2008	动植物油脂　紫外吸光度的测定
GB/T 22501—2008	动植物油脂　橄榄油中蜡含量的测定　气相色谱法
GB 5009.27—2016	食品安全国家标准　食品中苯并（a）芘的测定
GB/T 24304—2009	动植物油脂　茴香胺值的测定
GB/T 24892—2010	动植物油脂　在开口毛细管中熔点（滑点）的测定
GB/T 24893—2010	动植物油脂　多环芳烃的测定
GB/T 24894—2010	动植物油脂　甘三酯分子 2-位脂肪酸组分的测定
GB/T 25223—2010	动植物油脂　甾醇组成和甾醇总量的测定　气相色谱法
GB/T 25224.2—2010	动植物油脂　植物油中豆甾二烯的测定　第 2 部分：高效液相色谱法
GB/T 25225—2010	动植物油脂　挥发性有机污染物的测定　气相色谱-质谱法
GB/T 26626—2011	动植物油脂　水分含量测定　卡尔·费休法（无吡啶）
GB/T 26634—2011	动植物油脂　脱色能力指数（DOBI）的测定
GB/T 26635—2011	动植物油脂　生育酚及生育三烯酚含量测定　高效液相色谱法
GB/T 26636—2011	动植物油脂　聚合甘油三酯的测定　高效空间排阻色谱法（HPSEC）
GB/T 269—1991	润滑脂和石油脂锥入度测定法
GB/T 31576—2015	动植物油脂　铜、铁和镍的测定　石墨炉原子吸收法

GB/T 31743—2015　　动植物油脂　脉冲核磁共振法测定固体脂肪含量　直接法

GB/T 5524—2008　　动植物油脂　扦样

GB/T 5525—2008　　植物油脂　透明度、气味、滋味鉴定法

GB 5526—1985　　植物油脂检验　比重测定法

GB/T 5527—2010　　动植物油脂　折光指数的测定

GB 5529—1985　　植物油脂检验　杂质测定法

GB/T 5532—2008　　动植物油脂　碘值的测定

GB/T 5534—2008　　动植物油脂　皂化值的测定

GB/T 5535.1—2008　　动植物油脂　不皂化物测定　第1部分：乙醚提取法

GB/T 5535.2—2008　　动植物油脂　不皂化物测定　第2部分：己烷提取法

GB/T 5536—1985　　植物油脂检验　熔点测定法

GB 8025—1987　　石油蜡和石油脂微量硫测定法（微库仑法）

GB/T 8026—2014　　石油蜡和石油脂滴熔点测定法

HG 5—1608—1985　　油脂皂化值测定法

HG 5—1609—1985　　油脂不皂化物含量测定法

HG 5—1610—1985　　油脂碘价测定法

LS/T 6106—2012　　动植物油脂　过氧化值测定　自动滴定分析仪法

LS/T 6107—2012　　动植物油脂　酸值和酸度测定　自动滴定分析仪法

NY/T 1597—2008　　动植物油脂　紫外吸光值的测定

GB 5009.272—2016　　食品安全国家标准　食品中磷脂酰胆碱、磷脂酰乙醇胺、磷脂酰肌醇的测定

NY/T 2005—2011　　动植物油脂中反式脂肪酸含量的测定　气相色谱法

SH/T 0101—1991　　石油蜡和石油脂介电强度测定法

SH/T 0129—1992　　石油蜡和石油脂灼烧残渣试验法

SH/T 0131—1992　　石油蜡和石油脂硫酸盐灰分测定法

SH/T 0398—2007　　石油蜡和石油脂分子量测定法

GB/T 28769—2012　　脂肪酸甲酯中游离甘油含量的测定　气相色谱法

GB/T 5510—2011　　粮油检验　粮食、油料脂肪酸值测定

LS/T 6105—2012　　粮油检验　谷物及制品脂肪酸值的测定　自动滴定分析仪法

NB/SH/T 0825—2010　　脂肪酸甲酯氧化安定性的测定　如速氧化法

NB/SH/T 0903—2015　　脂肪酸甲酯中甲醇含量的测定　气相色谱法

NY/T 1797—2009　　　　油菜籽中游离脂肪酸的测定　滴定法

4.1.6　肥皂分析

肥皂分析包括洗衣粉、香皂、皂粉质量指标及质量分析，肥皂样品的采集，肥皂溶解度的测定，肥皂理化指标分析、肥皂系统分离分析等。

QB/T 2485—2008　　　　香皂

QB/T 2387—2008　　　　洗衣皂粉

QB/T 2486—2008　　　　洗衣皂

QB/T 2487—2008　　　　复合洗衣皂

GB 19877.3—2005　　　　特种香皂

GB/T 15816—1995　　　　洗涤剂和肥皂中总二氧化硅含量的测定　重量法

JJF 1070.1—2011　　　　定量包装商品净含量计量检验规范　肥皂

QB/T 2623.1—2003　　　　肥皂试验方法　肥皂中游离苛性碱含量的测定

QB/T 2623.2—2003　　　　肥皂试验方法　肥皂中总游离碱含量的测定

QB/T 2623.3—2003　　　　肥皂试验方法　肥皂中总碱量和总脂肪物含量的测定

QB/T 2623.4—2003　　　　肥皂试验方法　肥皂中水分和挥发物含量的测定烘箱法

QB/T 2623.5—2003　　　　肥皂试验方法　肥皂中乙醇不溶物含量的测定

QB/T 2623.6—2003　　　　肥皂试验方法　肥皂中氯化物含量的测定　滴定法

QB/T 2623.7—2003　　　　肥皂试验方法　肥皂中不皂化物和未皂化物的测定

QB/T 2623.8—2003　　　　肥皂试验方法　肥皂中磷酸盐含量的测定

4.1.7　洗涤剂分析

CSC/T 2224—2006　　　　洗涤剂类产品　环保产品认证技术要求

DB11/T 1151—2015　　　　合成洗涤剂单位产品能源消耗限额

DB51/T 1700—2013　　　　餐具洗涤剂中砷的测定原子荧光光谱法

DB51/T 1701—2013　　　　餐具洗涤剂中铅的测定火焰原子吸收光谱法

DB65/T 3950—2016　　　　水质　阳离子合成洗涤剂的测定　流动注射-分光光度法

GB/T 13173—2008　　　　表面活性剂　洗涤剂试验方法

GB/T 13174—2008　　　　衣料用洗涤剂去污力及循环洗涤性能的测定

GB/T 13174—2008/
XG1—2012　　　　《衣料用洗涤剂去污力及循环洗涤性能的测定》国家标准第 1 号修改单

GB 14930.1—2015　　　　食品安全国家标准　洗涤剂

GB/T 15817—1995	洗涤剂中无机硫酸盐含量的测定　重量法
GB 19877.1—2005	特种洗手液
GB 19877.2—2005	特种沐浴剂
GB/T 24692—2009	表面活性剂　家庭机洗餐具用洗涤剂　性能比较试验导则
GB/T 26398—2011	衣料用洗涤剂耗水量与节水性能评估指南
GB/T 28191—2011	表面活性剂　洗涤剂　对酸解稳定的阴离子活性物痕量的测定
GB/T 28192—2011	表面活性剂　洗涤剂　在酸性条件下可水解和不可水解的阴离子活性物的测定
GB/T 29255—2012	纺织品　色牢度试验　使用含有低温漂白活性剂无磷标准洗涤剂的耐家庭和商业洗涤色牢度
GB/T 30795—2014	食品用洗涤剂试验方法　甲醇的测定
GB/T 30796—2014	食品用洗涤剂试验方法　甲醛的测定
GB/T 30797—2014	食品用洗涤剂试验方法　总砷的测定
GB/T 30798—2014	食品用洗涤剂试验方法　荧光增白剂的测定
GB/T 30799—2014	食品用洗涤剂试验方法　重金属的测定
GB/T 32163.1—2015	生态设计产品评价规范　第1部分：家用洗涤剂
GB/T 5173—1995	表面活性剂和洗涤剂　阴离子活性物的测定　直接两相滴定法
GB/T 5174—2004	表面活性剂　洗涤剂　阳离子活性物含量的测定
QB/T 1224—2012	衣料用液体洗涤剂
QB/T 1323—1991	洗涤剂　表面张力的测定圆环拉起液膜法
QB/T 1324—1991	洗涤剂用表面活性剂　含水量的测定卡尔·费休双溶液法
QB/T 2114—1995	低磷无磷洗涤剂中硅酸盐含量（以 SiO_2 计）的测定　滴定法
QB/T 2115—1995	洗涤剂中碳酸盐含量的测定
QB/T 2850—2007	抗菌抑菌型洗涤剂
QB/T 4348—2012	厨房油垢清洗剂
QB/T 4529—2013	工业洗衣用洗涤剂
SN/T 3383—2012	进出口食品用洗涤剂生产企业 HACCP 应用指南
SN/T3633—2013	进出口食品洗涤剂检验规程
SN/T 3694.5—2014	进出口工业品中全氟烷基化合物测定　第5部分：洗涤剂　液相色谱-串联质谱法

T/CCAA 34—2016　　　食品安全管理体系　食品用洗涤剂和消毒剂生产企业要求

GB/T 13171.1—2009　　洗衣粉（含磷型）

GB/T 13171.2—2009　　洗衣粉（无磷型）

4.2　洗涤剂的性能评测

粉状与液体洗涤剂的性能按照 GB/T 13174—2008《衣料用洗涤剂去污力及循环洗涤性能的测定》进行测试。

硬水配制：称取 16.70g 氯化钙和 20.37g 氯化镁（$MgCl_2 \cdot 6H_2O$），配制 10.0L，即为 2500 mg/kg（以 $CaCO_3$ 表示）硬水。使用时取 1.0L 冲至 10.0L 即为 250mg/kg 硬水。

白度的测量：根据洗涤剂性能测试的要求，选择所需的 JB 系列试片品种。将用于测定的污布裁成试片，按类别分别搭配成平均黑度相近的六组，每组试片用于一个样品的性能试验。将试片按照同一类别相叠，用白度计在 457nm 下逐一读取洗涤前后的白度值。洗前以试片正反两面各取两个点（每一面的两个点应中心对称）测量白度值，以四次测量的平均值为该试片的洗前白度 F_1，洗后白度为 F_2。

去污洗涤试验：预先仪器在（30±1）℃稳定一段时间，然后用 250mg/kg 硬水分别将试样与标准洗衣粉配制成一定浓度的测试溶液 1L 倒入对应的去污浴缸内，在（30±1）℃条件下保持搅拌速度 120r/min，洗涤 20min 后停止。将洗涤后的试片在漂洗器内桶中用 1500mL 自来水漂洗 30s，漂洗 2 次，并脱水 15s（1800r/min）。取出漂洗后的试片，室温晾干，测试白度 F_2。计算每个试片洗涤前后的白度差（F_2-F_1），按照置信度为 90% 对其进行取舍，确认后计算去污力。

循环洗涤性能测试：用 250mg/kg 硬水分别将试样与标准洗衣粉配制成一定浓度的测试溶液 1L 倒入对应的去污浴缸内，保持温度（30±1）℃，向每个浴缸内加入油污 3mL，搅拌 30s。加入试片，以搅拌速度 120r/min 洗涤 20min 后停止。将洗涤后的试片在漂洗器内桶中用 1500mL 自来水漂洗 30s，漂洗 2 次，并手工脱水 15s（1800r/min）。取出漂洗后的试片，悬挂，室温下晾干，完成一次洗涤。重复以上过程 5 次，测试试片白度。计算白度保持值，同时进行沉积灰分的测定。

沉积灰分的测定：先将预先标记的洁净瓷坩埚于 800℃ 高温炉中灼烧 2h，称重。将同一去污缸内得到的剩余试片作为一组，去掉易脱落纤维，105℃ 干燥 4h，称重 m_1。将已称重试样在坩埚上方点燃炭化，炭化物丢入坩埚，于800℃高温炉中灼烧6h，移入干燥器中至室温，称重，得到灰分质量 m_2。

某种污布的去污值（R_i）按式(4-7)进行计算：

$$R_i = \sum(F_{2i} - F_{1i})/n \tag{4-7}$$

式中，i——第 i 种污布试片；

　F_{1i}——第 i 种污布试片洗前光谱反光率，%；

　F_{2i}——第 i 种污布试片洗后光谱反光率，%；

　n——经 Q 值检验后，每组污布试片的有效数量。

污布去污比值（P_i）按式(4-8)进行计算：

$$P_i = R_i^s / R_i^0 \tag{4-8}$$

式中　R_i^s——标准洗衣粉的去污值，%；

　R_i^0——试样的去污值，%。

白度保持值（T）按式(4-9)进行计算：

$$T(k) = \sum F_2^k / \sum F_1 \times 100\% \tag{4-9}$$

式中　$\sum F_1$——同组试片洗前的光谱反射率之和，%；

　$\sum F_2^k$—— k 次循环洗涤后同组试片洗后的光谱反射率之和，%；

　k——洗涤循环次数，取 20 次。

样品相对标准洗衣粉对白布的白度保持比值（B）按式(4-10)进行计算：

$$B = T^s / T^0 \tag{4-10}$$

式中　T^s——样品对白布的白度保持值；

　T^0——标准洗衣粉对白布的白度保持值。

当 $B \geqslant 1.0$ 时，样品的白度保持相当或优于标准洗衣粉，样品白度保持合格；当 $B < 1.0$ 时，样品的白度保持劣于标准洗衣粉，样品白度保持不合格。

沉积灰分（S）按式(4-11)进行计算：

$$S = (m_2/m_1) \times 100\% \tag{4-11}$$

式中　m_1——得到的干式片的质量，g；

　m_2——得到的灰分质量，g。

样品相对标准洗衣粉的沉积灰分比值（H）按式(4-12)进行计算：

$$H = S^s / S^0 \tag{4-12}$$

式中　S^s——样品的沉积灰分；

　S^0——标准洗衣粉的沉积灰分。

4.3 洗涤剂的安全性

4.3.1 洗涤剂对环境的安全性

2012年，我国人均洗涤用品占有量为 6.36kg，较十年前增长一倍以上，但与工业发达国家相比仍有相当大的差距。随着人们生活水平的提高和清洁健康意识的增强，洗涤剂工业还将会有较大的发展空间。洗涤用品使用后全都要排放到环境中，因此其环境安全性一直受到业界的高度关注。

化学工业或多或少都会影响环境，洗涤剂的生产也不例外。如生产表面活性剂、洗涤剂需要加热，从而达到一定的反应条件，加热所耗的能量并不会留在产品内，终以二氧化碳（废气）形式向大气排放；使用洗涤剂后的废水会随生活污水排放；洗涤剂用后的包装物如塑料袋（瓶）、纸盒（箱）会被丢弃。

目前，市场上的洗涤剂品种很多，但用量最大的还是衣物用洗涤剂。我国衣物用洗涤剂主要是洗衣粉。洗衣粉用的表面活性剂主要是 LAS（直链烷基苯磺酸钠），LAS 的原料——烷基苯的生产是从煤油馏分分出正构烷烃，脱氢生成烯烃，继而再与苯反应生成烷基苯等，工序较长且能耗高。喷雾干燥成粉过程中耗能也很高，生产 1t 洗衣粉需排放二氧化碳 140kg。不仅如此，占普通洗衣粉体积近 50% 的芒硝仅仅是填充剂，生产时将芒硝配制在料浆中，再经过喷雾干燥，以无水芒硝存在于洗衣粉中，这一过程耗能也较大。这种能耗对洗衣粉的去污力并无帮助，因此发达国家很早就从洗衣粉转向洗衣液，美国市场洗衣液已占 70% 以上。生产洗衣液比生产洗衣粉节能，对大气污染少。实验证明，洗衣液的去污力完全能达到洗衣粉的标准。生产洗衣液比生产洗衣粉节能、污染轻，不向大气排放任何气体。此外，在发展洗衣液的同时，也有助于解决磷对水质的污染。

天然水体中由于过量营养物质（主要是指氮、磷等）的排入，引起各种水生生物、植物异常繁殖和生长，这种现象称作水体富营养化。这些过量的营养物质主要来自于农田施肥、农业废弃物、城市生活污水和某些工业废水。城市生活污水中含有丰富的氮和磷，特别是人体排泄物、含磷洗涤剂污水、氮磷肥等。一般来说，总磷和无机氮分别达到 $20mg/m^3$ 和 $300mg/m^3$ 时，就可认为水体已处于富营养化状态。如果氮、磷等营养物质持续而大量地进入湖泊、水库及海湾等缓流水体，将促进各种水生生物的活性，刺激它们异常繁殖（主要是藻类），使水体溶解氧减少，透明度下降，水质发黑变臭。我国的滇池、太湖和巢湖等在 20 世纪 90 年代后期出现了水体富营养化。随后，地方政府在上述区域陆续出台了禁止销售和使用含磷洗涤剂的政策。国内专业研究机构对太湖流域 1999 年 1 月

1 日开始禁磷前后水质进行了跟踪调查，其研究数据显示，进入太湖的磷中，洗涤剂的贡献率占 16.10%，人体粪便排磷量占 43.57%，工业排磷量占 7.41%，水产养殖排磷量占 5.32%，农业排磷量占 11.89%，畜禽养殖排磷量占 2.80%。这个结果与欧洲多年监测和分析得出的有关数据（洗涤剂带入水中的磷仅占进入水体总磷量的 12%～20%）是一致的。因此，对目前难以建成三级污水处理设施的湖区，"禁磷"措施对削减湖泊的磷负荷、减缓富营养化进程可以起到一定的积极作用，但仅靠单一的洗涤剂"禁磷"措施难以达到预期目的。

4.3.2 洗涤剂对人体的安全性

人们在广泛地使用化学洗涤剂洗头发、洗碗筷、洗衣服、洗澡的同时，洗涤剂从口、皮肤等途径进入人体，日积月累，潜伏集结。由于这种污染的危害在短时间内不可能很明显，因此，往往会被忽视。但是，微量污染持续进入体内，积少成多可以造成严重的后果，导致人体的各种病变，如使人类皮肤受损、免疫功能受损、阻碍伤口的愈合、神经系统受损或引起血液系统疫病等等。

洗涤剂中含有碱、发泡剂、脂肪酸、蛋白酶等有机物，其中的酸性物质能从皮肤组织中吸出水分，使蛋白凝固；而碱性物质除吸出水分外，还能使组织蛋白变性并破坏细胞膜，损害比酸性物质更加严重。洗涤用品中所含的阳离子、阴离子表面活性剂能除去皮肤表面的油性保护层，对皮肤的伤害也很大。常使用洗涤剂还可导致面部出现"蝴蝶形色素沉着"（即蝴蝶斑）。洗涤剂中的烷基磺酸盐等化学物质能抑制氧化酶的活性，导致皮肤中的黑色素由无色变为黑色，进而出现大面积黄褐斑。常用作消毒剂和杀菌剂的阳离子表面活性剂对各类细菌、真菌有着较强的杀灭作用，但同时也有毒副作用，他们会使中枢神经系统和呼吸系统机能降低，并使胃部充血。

对人体的刺激和安全性是洗涤剂的重要指标，每个新产品必须经过毒性和皮肤刺激性试验。为获得温和的效果，各个生产厂商广泛采用低刺激、对人体温和的表面活性剂来降低洗涤剂对皮肤的刺激性，以提高产品的安全性。天然组分、草药成分和天然表面活性剂类产品在洗涤剂中的使用越来越普遍。

4.3.3 可降解表面活性剂与环境保护

表面活性剂的生物降解性也关系到生态安全。20 世纪 50 年代和 60 年代，日本使用烷基苯磺酸钠，由于其亲油基是支链结构而不能完全降解，只能降解 20%～30%，未降解的烷基苯磺酸钠保留了它的发泡特征，排入河流后出现了"泡沫河"现象。20 世纪 70 年代改用直链烷基苯磺酸钠后才解决这个问题。

我国洗涤用品行业一开始就没有使用支链烷基苯磺酸钠，但使用的表面活性剂的生物降解性并不都是很好。在脂肪醇硫酸钠（AS）、脂肪醇醚硫酸钠

（AES）、直链烷基苯磺酸钠（LAS）、烯基磺酸钠（AOS）、脂肪酸钠（肥皂）5种表面活性剂中，脂肪酸钠降解性最好，LAS 最难降解。生物降解性的好坏与表面活性剂亲油基的结构有关，支链的比直链的难降解，支链越多越难降解。脂肪酸钠之所以好降解，是因为其亲油基为纯直链的。LAS 的亲油基也是直链的，但它不是纯直链的。以油脂衍生的表面活性剂其亲油基全是直链的，生物降解性比石油产品为原料合成的好。在洗衣粉中用脂肪酸甲酯磺酸盐（MES）部分或全部取代 LAS 生物降解性将会更好，在手洗餐具洗涤剂中，用油脂衍生物的无毒无刺激的脂肪酸单乙醇酰胺磺基琥珀酸酯（OMSS）部分或全部代替 LAS，不仅生物降解性好，而且性质更温和。

肥皂在我国已有百余年的历史，通过实践证明是安全的。在手洗餐具洗涤剂中，配入一部分脂肪酸钠，用滴洗的方法洗涤餐具不仅无毒，而且生物降解性好。液体皂在使用方法上类似肥皂，也有较好的去污力，且价格低廉。因此，洗涤剂的发展要把资源、安全性、对环境的影响放在首位，其次才是洗涤剂的功能，两者决不可颠倒。

从资源、耗能、安全性、对大气和水质的影响等方面来考虑，油脂衍生的表面活性剂将会有新的发展。油脂基表面活性剂并不简单地等同于脂肪酸钠，而是利用脂肪酸的亲油基再接上不同的亲水基，成为适合不同应用功能的表面活性剂。

第**5**章
洗涤剂配方精选

5.1 皂类洗涤剂

从广义上讲，皂类洗涤剂是油脂、蜡、松香或脂肪酸与有机或无机碱进行中和所得到的产物。常用的皂类洗涤剂有肥皂和香皂两大类。皂类洗涤剂的作用主要是清洗人体和织物表面的污垢，包括人体分泌的油脂、皮屑，常见的动植物油脂、食物残留、泥土、灰尘等。性能优良的皂类洗涤剂在进行配方设计时应遵循以下原则：

① 良好的洗涤能力；

② 一定的抗硬水能力；

③ 尽可能小的刺激性，不伤皮肤；

④ 硬度适当、形态端正、气味正常、无污垢和杂质。

皂类洗涤剂常由以下组分构成：油脂、碱以及加脂剂、螯合剂、高沸点烃、着色剂、香精、抗氧剂、杀菌剂等。

① 油脂。洗衣皂和香皂都是用动、植物油脂和碱经过皂化反应而制成的，但两种产品对油脂原料的要求不同。制作香皂所用的油脂主要是牛油、羊油、椰子油、松香等，制皂以前经过碱炼、脱色、脱臭等精炼处理，使之成为无色、无味的纯净油脂。而洗衣皂常用各种动、植物油脂，硬化油脂等，一般不需要经过复杂的精炼处理。香皂在加工时工序较洗衣皂复杂得多，因此香皂的制造成本比洗衣皂高。

② 碱。肥皂厂用于皂化的碱主要是氢氧化钠，有时也用氢氧化钾、碳酸钠、碳酸钾。氢氧化钠、氢氧化钾用于皂化油脂，碳酸钠、碳酸钾用于中和脂肪酸。氢氧化钠、碳酸钠用于制硬质皂，氢氧化钾、碳酸钾用于制软质或液体皂。

③ 加脂剂。在使用香皂的过程中，常引起皮肤表面皮脂被过量除去，使皮肤受到损伤，造成皮肤粗糙、皲裂。为防止这种倾向的产生，可在肥皂中加入脂质和脂质保护剂，给予皮肤湿润，使皮肤恢复弹性。常用的加脂剂有脂肪酸、高级脂肪醇、羊毛脂及其衍生物、脂肪酸单乙醇胺、乙氧基化脂肪酸单乙醇胺以及甘油、乙二醇、聚乙二醇等。

④ 螯合剂。螯合剂有乙二胺四乙酸（EDTA）、乙二胺二琥珀酸（EDDS）、谷氨酸二乙酸（GLDA）、亚氨基二琥珀酸（IDS）、甲基甘氨酸二乙酸（MGDA）、柠檬酸和次氮基三乙酸（NTA）等，其中 EDTA 是最常用的螯合剂，用量为 $0.1\%\sim0.2\%$；MGDA 螯合能力强、效率高，易于生物降解、生理毒性安全，适合于新一代可持续发展洗涤剂配方。

透明剂：为了抑制皂的结晶，须在透明皂基中加入透明剂。常用的透明剂有乙醇、甘油、蔗糖、山梨醇、丙二醇、聚乙二醇、香茅醇、乙二醇、N-酰基氨基酸的单乙醇胺、乙二醇胺、三乙醇胺等。

着色剂：皂类使用着色剂一方面能增加肥皂的美观，另一方面可以掩盖或调整肥皂带有的不太好的色泽。着色剂的选择要求不与碱反应，不因碱而变色；耐光，不因久置空气中而变色；能溶于水或被肥皂分散于水中，不将洗衣物染色；光泽鲜艳。

香料：肥皂中常加入 $0.3\%\sim0.5\%$ 的香茅油；香皂因产品定位与用途不同，可加入不同的香料。

抗氧剂：常用特效抗氧剂邻甲苯二胍，用量为 $0.04\%\sim0.1\%$。

杀菌剂：常用的杀菌剂有甲酚、香芹酚、百里酚、六氯酚、二硫化四甲基秋兰姆、三溴水杨酰苯胺、2-萘酚、卡松、苯并异噻唑啉酮、玉洁新、三氯生、布罗波尔等。也有些用到从草药中提取的成分防腐杀菌，如金银花提取物等。随着对人体安全要求的提高，以三氯生、三氯卡班等为代表的，影响人体正常机制和新陈代谢的杀菌剂的用量正逐步缩小，源于植物的杀菌剂将迅速发展。

5.1.1 富脂皂

特点：对皮肤有适度的洁净力，对干性皮肤具有滋润、防开裂的特性。

配方：

原 料 名 称	用量/%	原 料 名 称	用量/%
椰子油/牛脂(皂基2∶8)	77.88	焦亚磷酸钠	0.12
矿脂	5	甘油	2.5
羊毛脂	1.5	水	补足100

制法：将皂基用真空干燥，再加入所需的过脂剂、香料等助剂进行拌料，研磨，使其混合均匀，真空压条、打印、冷却、包装。

用途：洗脸、洗手、沐浴，特别适用于皮肤干燥者。

5.1.2　透明皂

特点：起泡迅速，泡沫丰富，对皮肤刺激性低，综合去污能力好，保湿成分丰富。

配方：

原料名称	用量/%			
	配方 1	配方 2	配方 3	配方 4
牛油	15.9	13.49	11.77	29.44
椰子油	23.80	16.86	11.77	8.63
蓖麻油	7.94	13.49	11.7	4.06
33％苛性碱液	23.80	22.43	11.62	23.86
乙醇	19.05	5.06	11.77	12.69
蔗糖	—	15.81	5.88	—
甘油	9.51	—	16.18	12.69
水	补足 100	补足 100	补足 100	补足 100

制法：采用的生产工艺为浇注法，即将 33％左右浓度的碱液在 70～75℃缓慢地加入到预热熔化的混合油中（因为反应会放出大量的热，所以反应器必须配有冷却装置），维持 70℃左右，待皂化完全后，加入阻结晶剂（可冷加），待充分溶解，调整其碱度、加香、加色、搅拌均匀，在 45℃下注入模型，待完全冷却成型即可从模型中卸出，切割成适当的尺寸，大约经过 3～5d，待表面干燥后即可依次打印，经打印的块皂放入恒温、恒湿、通风良好的晾皂房，经过数周的晾皂，皂的水和溶液挥发，皂块坚实而且透明度提高。待皂的指标合格后再次打印成型即可包装。

用途：可用于化妆洗脸或衣物洗涤。

5.1.3　茶籽油香皂

特点：非常温和，适用于过敏皮肤，可调节人体异常以及不健康的皮肤，去除油脂效果好，无残留，不伤手。

配方：

原料名称	用量/份		原料名称	用量/份	
	配方 1	配方 2		配方 1	配方 2
茶籽油	480	420	甘草	2	1
氢氧化钠	53	48	薄荷	2	1
蒸馏水	130	120	维生素 E	2	—

制法：将甘草和薄荷放入锅中，加入甘草、薄荷总质量 3 倍的蒸馏水，加热，待锅内液体沸腾后沸煮 1.5h，然后滤出滤液备用。将称量好的茶籽油倒入锅中加热至 49℃，将氢氧化钠与滤液制成的碱液倒入加热的茶籽油中，快速搅拌皂液

8min，静置 20min，反复该过程直至皂液成糊状且表面无油脂层，加入维生素 E，搅拌均匀后将皂液倒入模具中，在 23℃保存 45h，取出、切片、晾皂。

用途：卸妆护肤与洗涤除脏。

注意事项：洁面卸妆时，请务必紧闭双眼；洁面、沐浴时水质并无影响，只有洗发时硬水地区洗感不佳，会形成皂垢，但并无害处；肥皂表面出汗、出粉属正常现象。

5.1.4 海藻减肥皂

特点：纯天然减肥香皂，减肥效果明显，无毒副作用，可长期使用。

配方：

原料名称	用量/%	原料名称	用量/%
皂片	89	桃叶提取液	1
海藻	8	番泻叶提取液	1
石榴叶乙醇提取液	1		

制法：在配料器中加入皂片及粉碎的海藻，搅拌加入石榴叶、桃叶和番泻叶的乙醇提取物，搅拌均匀后经三辊研磨机碾磨，传入到真空压条机，压制成条，切块、打印、冷却干燥，即成成品。

用途：适用于肥胖人群的减肥。

效果：取肥胖人群两组，每组 10 人，连续两个月使用本香皂，减肥结果如下表所示，总有效率达到 95％以上。

体重减轻量	体重减轻人次	
/kg	第一组	第二组
≥5	2	3
2.5～5	7	7
≤2.5	1	0

5.1.5 儿童香皂

特点：对皮肤温和，刺激低，有杀菌、消炎、止痒的功能，洗涤后能增强皮肤的柔润感，无碱性刺激，无毒副作用。

配方 1：

原料名称	用量/%	原料名称	用量/%
皂基	95.985	钛白粉	0.2
精致羊毛脂	1.5	色素	0.015
中性泡花碱	0.5	桂花香精	0.8
硼酸	1.0		

制法：先将干燥好的皂基放入拌料斗中，按照比例添加好已熔化好的羊毛

脂、中性泡花碱，搅拌 3min，再顺次加入硼酸、钛白粉、香精和色素，继续搅拌 3～4min，然后按一般香皂的制法进行研磨、压条、打印。

配方 2：

原料名称	用量/%	原料名称	用量/%
皂基	73	氢化羊毛脂	1
N-混合酰基谷氨酸钠	25	香精	0.7
钛白粉	0.3		

配方 3：

原料名称	用量/%	原料名称	用量/%
皂基	52.5	硬脂酸	1
月桂酰基肌氨酸钠	20	钛白粉	1
月桂基甘油醚磺酸钠	25	香精	0.5

制法：同配方 1 制法。

用途：该香皂特别适合于儿童使用。

5.1.6　丰韵香皂

特点：PM 果（酥胸果）所含的植物荷尔蒙用于女性胸部，可刺激乳腺体，促进海绵体增厚，起到丰胸、健胸作用，可活化全身细胞，使肌肤丰韵、细嫩，没有化学物质的副作用反应。

配方：

原料名称	用量/%		
	配方 1（强效型）	配方 2（坚挺型）	配方 3（护理型）
皂片	85.31	85.33	85.35
PM 果提取物	0.15	0.13	0.11
盐	0.39	0.39	0.39
香料	1	1	1
水	补足 100	补足 100	补足 100

制法：按图 5-1 流程所示，先将 PM 果提取物、香料、皂片按上述比例混合在一起，装入研磨机进行三次研磨，形成超细粉末，再加入盐和水，充分搅拌成稠浆，注入模具成型，进行真空压条，并打印上标签，经过 24h 晾干后，包装成产品进入仓库储藏。

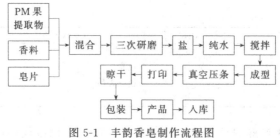

图 5-1　丰韵香皂制作流程图

用途：适用于有丰韵需求的女性。

来源：中国发明专利 CN1116399C。

5.1.7 健肤香皂

特点：对皮肤的滋润效果好，同时可以消肿、止痒，并可有效保湿、滋润亮肤，具有很好的健肤功效。

配方：

原料名称	用量/%			
	配方 1(醒肤)	配方 2(滋养)	配方 3(保湿)	配方 4(去鸡皮)
透明香皂皂粒	90	90	89.8	90
脂肪醇聚氧乙烯醚硫酸钠	0.5	0.5	0.5	0.5
脂肪醇聚氧乙烯醚	0.5	0.5	0.5	0.5
椰油酰胺丙基甜菜碱	0.2	0.2	0.2	0.2
乳木果油	0.5	0.9	0.5	0.9
橄榄油	0.5	0.5	0.5	0.5
迷迭香香精	0.8	—	—	—
人参香精	—	0.8	—	—
玫瑰花香精	—	—	0.8	—
金银花香精	—	—	—	0.8
A 组组合物	5	5	5	5
B 组组合物	2	1.6	2.2	1.6

A 组组合物：七叶一枝花 1%、萆草 1%、地锦草 1%、酢浆草 2%、天南星 0.5%、半边莲 0.5%、大蓟汁 1%、黄开口汁 1.5%、95% 食用乙醇 67.5%、纯化水 24%。

B 组组合物：

配方 1：薄荷 0.8%、迷迭香 0.8%、蒲公英 0.4%、95% 食用乙醇 77%、纯化水 21%。

配方 2：人参 0.8%、红景天 0.8%、95% 食用乙醇 77.4%、纯化水 21%。

配方 3：玫瑰 1%、桂花 1.2%、95% 食用乙醇 77%、纯化水 20.8%。

配方 4：金银花 0.8%、洋甘菊 0.8%、95% 食用乙醇 77.4%、纯化水 21%。

制法：将 95% 的食用乙醇与纯化水配制成 60%～70% 的乙醇溶液，将 A 组分其他原料加入到配制好的乙醇溶液中浸提、过滤、真空浓缩 10 倍得到 A 组组合物。将 95% 的食用乙醇与纯化水配制成 70%～80% 的乙醇溶液，加入 B 组分原料，75℃回流提取、过滤、真空浓缩 10 倍得到 B 组组合物。将透明香皂皂粒加入到研磨机中进行研磨，然后与配方中其他组分进行充分搅拌混合，注入模具成型，进行真空压条，经切块、晾皂后包装。

用途：适用于皮肤干燥、困倦等症状的人群。

来源：中国发明专利 CN105368618A、CN105368614A、CN105419993A、CN105400623A。

5.1.8　高效去油污香皂

特点：具有去油污能力强、消毒杀菌、滋润保湿、保护皮肤等功效。

配方：

原料名称	用量/份	原料名称	用量/份
鼠李糖	2.5	芦荟粉	5
甘油	3.5	天然油脂	4
薄荷脑	0.3	杀菌剂	3
松节油	0.4	酵乳素	0.7
氯化钠	2	水	60

制法：依次将鼠李糖、松节油、芦荟粉、天然油脂、酵乳素及水加入到搅拌机内，搅拌至混合均匀；然后将薄荷脑、氯化钠、杀菌剂加入到混合料中，搅拌均匀，静待20min；然后加入甘油搅拌均匀，再将上述搅拌好的物料转移到专业研磨机内，研磨出的原料放入压条机中挤压，出条后晾皂，包装后即可得高效去油污香皂。

用途：适用于油性肤质的清洁和卸妆。

来源：中国发明专利 CN104323935A。

5.1.9　祛蚊香皂

配方1

特点：具有高效驱蚊和加倍滋润的功效，所用复合驱避剂来自多种植物精油，安全性高。

配方：

原料名称	用量/%				
	例1	例2	例3	例4	例5
脂肪酸钠	60	65	70	75	80
甘油	5	4	3	3.5	2
砂糖	6	5	4.5	4	3
PEG400	2	1.8	1.5	1.2	1
复合驱避剂	5	4	3.5	3	2
2,6-二叔丁基对甲酚	0.5	0.4	0.3	0.2	0.1
香精	2	1.8	1.5	1.2	1.0
EDTA	0.12	0.1	0.08	0.06	0.04
水	补足100	补足100	补足100	补足100	补足100

复合驱避剂配方：

原料名称	用量/%	原料名称	用量/%
驱蚊酯	66	薄荷油	3
孟二醇	25	天竺葵油	3
柠檬草油	3		

制法：在混合釜中，先将脂肪酸钠加热至50℃，在搅拌条件下，加入其他各原料，搅拌均匀，经过研磨、真空双联压条、切块、打印即可得到祛蚊香皂。

用途：驱蚊防蚊，涂抹冲洗后有效防蚊时间可达60min以上。

来源：中国发明专利CN104862152A。

配方2

特点：纯天然驱蚊组分，无毒副作用，除驱蚊外还具有使肌肤清新爽洁、柔美光滑、防止皮肤老化的功能。

配方：

原料名称	用量/%			原料名称	用量/%		
	例1	例2	例3		例1	例2	例3
皂基	47	32	28	橄榄油	—	8	10
月见草提取液	15	15	15	薄荷	—	5	—
十滴水	20	18	16	茉莉花香露	—	—	6
驱蚊草提取液	18	22	25				

制法：将驱虫草提取液与十滴水分别加热至沸腾后混合，冷却到80℃时加入橄榄油，冷却至65～75℃时加入月见草提取液，冷却至45～55℃时混入香皂皂基和茉莉花香露（薄荷），所有成分混合均匀，经搅拌机搅拌后，经研磨机研磨，再经真空出条，然后打印形成香皂成品。

用途：驱蚊防蚊，有效防蚊时间可达6h以上。

来源：中国发明专利CN1272534。

配方3

特点：除污，驱蚊，无副作用。

配方：

原料名称	用量/份			原料名称	用量/份		
	例1	例2	例3		例1	例2	例3
香皂皂基	60	80	100	风油精	2	3	4
薰衣草油	2	3	4	樟脑丸粉	3	4	6
维生素B_1	1	2	3				

制法：在混合釜中，先将香皂皂基加热熔化，将维生素B_1、樟脑丸粉、薰衣草油、风油精倒入熔化后的香皂液中，搅拌均匀，置于模具中，冷却成型。

用途：驱蚊防蚊，在沐浴时将其涂抹于全身，4～6min后用清水洗净即可。

来源：中国发明专利CN105524753A。

5.1.10 天然水果香皂

配方1

特点：以天然水果为原料，富含水果蛋白酶，滋润、营养皮肤，清洁效果显著，保湿效果好，洗后皮肤不会产生紧绷感，长期使用皮肤不干燥起皮，不产生副作用。

配方：

原料名称	用量/份				
	例1	例2	例3	例4	例5
甜杏仁油	10	30	20	18	25
椰子油	20	26	22	24	25
橄榄油	14	28	20	22	24
可可脂	8	14	10	12	11
乳木果油	6	10	8	8	10
荷荷巴油	6	10	8	10	8
单甘酯	6	10	8	8	9
蜂蜜	2	4	3	3	3
卵磷脂	2	6	4	5	5
氢氧化钠	10.4	18.6	14.2	14.8	16.38
木瓜	10	30	20	22	25
菠萝	20	70	40	35	60
柠檬	5	7	6	6	6
牛油果	10	12	11	10	11
白砂糖	40	120	80	60	70
β-葡聚糖	0.4	1	0.6	0.7	0.8
蒸馏水	46	77.8	60	65.2	71.4

制法：称取氢氧化钠，用蒸馏水将其配制成30%（质量分数）的氢氧化钠溶液，将甜杏仁油、椰子油、橄榄油、可可脂、乳木果油、荷荷巴油、单甘酯加热熔化，与氢氧化钠溶液混合均匀，搅拌状态下反应0.7h，至反应体系为均一体系，得到混合物A。将蜂蜜、卵磷脂加入混合物A中，搅拌均匀，50～60℃放置48h，凝固，取出，室温干燥数周至pH为7.0～7.5，得到生皂。将木瓜、菠萝、柠檬、牛油果除表皮，与白砂糖混合榨汁、去渣，得到水果原料。用水浴将生皂和剩余的蒸馏水加热溶化后，待温度降至60℃以下，加入β-葡聚糖，混匀，然后加入水果原料，混匀，注入模型中，24h后取出，干燥数日，待水分含量降至10%（质量分数）以下，即得成皂。

用途：洁面，卸妆。

来源：中国发明专利CN103540455A。

配方2

特点：去污效果好，去油效果极强，香皂质地更有弹性，合成化学成分少，无刺激性，无毒副作用。

配方：

原料名称	用量/份	原料名称	用量/份
香蕉泥	30	珍珠粉	15
硼酸	20	薄荷脑	15
炉甘石	10	柠檬草提取液	20

制法：将香蕉去皮，捣成香蕉泥，将薄荷脑混入香蕉泥中，混合均匀；然后分别加入炉甘石、硼酸、珍珠粉搅拌均匀，再加入柠檬草提取液，混合均匀后加入定型剂，按照所需形状进行定型即为成品。

用途：更加适合于年龄段比较小的人群使用。

来源：中国发明专利 CN102911813A。

5.1.11 驼奶香皂

特点：以骆驼奶为主要原料，具有滋润皮肤、去皱抗衰、收缩毛孔、增加蛋白质、修复面部皮肤、淡化凹痕等功效。

配方：

原料名称	用量/份		
	例1(玉米油型)	例2(橄榄油型)	例3(茶花油型)
骆驼奶	10	10	15
玉米油	4	—	—
茶花油	1	—	5
橄榄油	—	3	—
月桂油	—	2	—
葡萄籽油	—	—	0.5
氢氧化钠	0.7	0.8	0.8
水	1.7	2	2

制法（以例1配方为例）：将骆驼奶、玉米油、茶花油倒入不锈钢器皿中加热，加热过程保持 45℃，使不同油脂充分融合。将氢氧化钠分 3 次加入水中，快速搅拌至完全溶解。当碱液和油脂温度在 35～45℃ 之间，且两者温度相差在 10℃ 以内时，将油脂缓缓倒入碱液中充分混合搅拌，直至皂液保持稠糊状态。然后将皂液倒入模具中，轻轻振动模具，使皂液中的空气排出后将模具封盖，静置 2～3d，取出，再风干 2～3d，待皂面光滑、不黏手时切皂，在阴凉通风处晾皂 3～5 周，待皂块完全皂化，达到使用硬度后方可使用。

来源：中国发明专利 CN105154260A、CN105154261A、CN105154262A。

5.1.12 金银花抗菌皂

特点：泡沫细腻稳定，性能温和，对皮肤刺激性低，能有效抑菌抗菌。

配方：

原料名称	用量/kg	原料名称	用量/kg
金银花提取物	0.1	N-月桂酰肌氨酸钠	4
月桂酸钠	20	甲基甘氨酸二乙酸三钠盐	0.5
棕榈酸钠	50	羟乙基二胺四乙酸三钠盐	0.5
椰油酰胺丙基胺氧化物	4	水	20

制法：将各种原料加入到皂用捏合机中，捏合搅拌均匀，然后用研磨机研磨，再用真空压条机进行真空压条，最后将压出的长条皂体进行打印，切条，得到成型皂体。

用途：适用于各种人群。金银花提取液的体外试验表明，金银花抗菌范围广，对金黄色葡萄球菌、链球菌、大肠埃希菌、痢疾杆菌、肺炎球菌、铜绿假单胞菌、脑膜炎链球菌、结核杆菌等均有较好的抑制作用。

来源：中国发明专利 CN104911047A。

5.1.13 防妊娠纹香皂

特点：以草本植物为有效成分，有嫩肤润滑、收缩肌肤的作用，长期使用，可达到淡化妊娠纹、嫩白紧肤的效果。

配方：

原料名称	用量/kg	原料名称	用量/kg
皂基	10	红橘皮	2.8
橄榄油	1.8	蜂蜜	4
茉莉花	1.2	氢氧化钠	0.9
橙子花	1.8	水	5
玫瑰果	0.9		

制法：将茉莉花、橙子花、玫瑰果、红橘皮用纱布包好，浸入橄榄油中浸泡1个月，取出纱布，油备用。将氢氧化钠加入到水中，完全溶解后，加入皂基和浸好的油，小火慢慢加热，同时不断搅拌，当水分和皂液分离时，停止加热，密封静置12h，捞出上层的泡沫，再小火慢慢加热，同时加入蜂蜜，边搅拌边加热，搅拌均匀后，冷却凝固，切成均匀小块即得到成品皂。

用途：产后妇女去妊娠纹。

用法：洗澡时，将香皂抹在妊娠纹处均匀涂一层，按顺时针方向边揉边搓，按摩5min后，将皂液冲洗干净即可。

来源：CN103242988A。

5.2 洗衣粉

粉状洗涤剂的主要成分是阴离子表面活性剂及非离子表面活性剂，再加入一些助剂等，经混合、喷粉等工艺制成。粉状洗涤剂的成分共有五大类：表面活性剂、助洗剂、缓冲剂、增效剂和辅助成分组成。

表面活性剂：表面活性剂以烷基苯磺酸钠居多，椰油醇硫酸钠、脂肪醇聚醚硫酸盐和脂肪醇聚氧乙烯醚等也可作为表面活性剂。其中十二烷基苯磺酸钠最为常用。

助洗剂：由于环境的限制，新型代磷助剂逐渐替代了含磷助洗剂。如二硅酸盐与碳酸盐复合物、层状二硅酸钠、MAP型沸石、聚天冬氨酸盐具有较好的除硬水离子和低灰粉性能，可以替代A4沸石、柠檬酸钠等助剂，提高无磷洗涤剂的总体性能。

缓冲剂：磷酸二氢钠、柠檬酸、五水偏硅酸钠、碳酸钠等。

增效剂：蛋白酶、过碳酸钠、过硼酸钠等活性氧助剂、荧光增白剂等。

辅助剂：紫外线吸收剂、染料转移抑制剂、片崩解剂、污垢释出剂等。

虽然近年来液体洗涤剂的市场份额越来越大，但是洗衣粉还将在很长的一段时期内存在，并且占有一定的市场份额，浓缩化将是洗衣粉发展的主要方向。

5.2.1 浓缩洗衣粉

特点：活性物含量高，去污能力强，使用量少。

配方1：

原料名称	用量/%	原料名称	用量/%
十二烷基苯磺酸钠(LAS)	10	硅酸钠	5
聚氧乙烯(9)月桂醇醚	6	羧甲基纤维素钠	2
三聚磷酸钠	49.5	荧光增白剂CBW-2	0.2
碳酸钠	20	香精	0.3
二氧化硅	2	水	补足100

制法：采用混合工艺生产，先将所有固体原料过筛，将LAS、聚氧乙烯(9)月桂醇醚和三聚磷酸钠置于混合机中搅拌2min，然后加入碳酸钠、二氧化硅、硅酸钠、羧甲基纤维素钠，混合均匀后喷水，最后加入荧光增白剂和香精，混合均匀后放置，待粉体流动性较好时进行包装。

配方2：

原料名称	用量/%	原料名称	用量/%
壬基酚聚氧乙烯醚-9(NP-9)	10	硫酸钠	10
水合多硅酸盐	20	羧甲基纤维素钠	2
三聚磷酸钠	26	烷基苯磺酸钠(60%)	4
碳酸钠	28		

制法：将 NP-9 喷于碳酸钠上，搅拌下依次加入水合多硅酸盐、三聚磷酸钠、硫酸钠、羧甲基纤维素钠和烷基苯磺酸钠，搅拌至自由流动粉末状态，按需加入香精和染料，搅拌均匀。

用法：每标准洗涤荷载用 1/4～1/2 杯。

来源：http://www.dow.com/。

配方3：

原料名称	用量/%	原料名称	用量/%
C_{14}～C_{16} α-磺基脂肪酸甲酯钠盐	15	碳酸钾	10
C_{14}～C_{18} α-烯基磺酸钾	15	硅酸钠	5
聚氧乙烯十三烷基醚	5	酶	1
硅铝酸盐	20	硫酸钠与水的混合物	14
碳酸钠	15		

制法：将聚氧乙烯十三烷基醚加热溶解，喷于碳酸钠、碳酸钾和硅酸钠的混合粉末上，搅拌下一次加入 α-磺基脂肪酸甲酯钠盐、α-烯基磺酸钾，搅拌均匀，加入硫酸钠与水的混合物，搅拌均匀。混合均匀的料浆在高塔内喷雾成空心颗粒粉，最后加入酶，搅拌均匀，即得到成品。

5.2.2 彩漂洗衣粉

配方1

特点：不损坏衣物原来的色彩，且可使原来的色彩更加鲜艳，光泽好，使白色织物更加洁白。

配方：

原料名称	用量/%	原料名称	用量/%
氯化双十八烷基二甲基铵	10	硫酸钠	50
脂肪醇聚氧乙烯(20)醚	8	香料	0.2
十八醇聚氧乙烯醚磷酸单酯钠盐	8	过硫酸钾	2
硅酸钠	5	过碳酸钠	8
羟甲基纤维素钠	1.5	水	补足100
荧光增白剂 CBW	0.3		

制法：先把表面活性剂依次加入配料罐中，再加入计量的水，使料浆总固体达到 60%～65%。投入除香料外的其他原料，在高塔内喷雾成空心颗粒粉。将过硫酸钾和过碳酸钠混合，再将其和空心颗粒粉混合均匀，最后加入香料，混合均匀得到彩漂洗衣粉。

配方2

特点：可氧化衣物上的污垢而不损坏衣物的色彩，能使原色彩更加鲜艳，光泽好，并能有效除螨灭螨。

配方：

原料名称	用量/kg			
	例1	例2	例3	例4
双十八烷基二甲基氯化铵	6	6	6	6
C_{14}～C_{16}烯基磺酸钠	10	10	10	10
十二烷基苯磺酸钠	10	10	10	10
十二烷基硫酸钠	4	4	4	4
羧甲基纤维素钠	1	1	1	1
硫酸钠	30	30	30	30
硅酸钠	6	6	6	6
过硼酸钠	10	10	10	10
过碳酸钠	10	10	10	10
水	6	6	6	6
N,N-二乙基-2-苯基乙酰胺	0.3	—	0.3	0.3
嘧螨胺	0.1	0.25	—	0.2
乙螨唑	0.1	0.25	0.2	—

制法：将除过硼酸钠和过碳酸钠外的原料混合，配制成浆状，经喷雾干燥成粉末，再与过硼酸钠和过碳酸钠混合，得到彩漂洗衣粉。

来源：中国发明专利CN103865662A。

配方3

特点：去污力强，并且具有良好的彩漂和软化作用，使织物光亮如新，不会损伤织物纤维，也不会使织物褪色。

配方：

原料名称	用量/份			原料名称	用量/份		
	例1	例2	例3		例1	例2	例3
α-烷基磺酸钠	10	20	15	柠檬油	0.5	1.5	1
十二烷基苯磺酸钠	4	12	8	过硼酸钠	3	8	5.5
α-磺基脂肪酸甲酯钠盐	1	5	3	碳酸钠	2	4.5	3.2
椰子油脂肪酸二乙醇酰胺	3	7	5	沸石	11	20	15
双氢化牛油基二甲基氯化铵	2	8	5	过碳酸钠	7	14	11
七水合亚硫酸钠	24	36	30	水	3.5	7	5.2

制法：先将α-烷基磺酸钠、十二烷基苯磺酸钠、α-磺基脂肪酸甲酯钠盐、椰子油脂肪酸二乙醇酰胺、双氢化牛油基二甲基氯化铵和水混合均匀，

得到混合物 A。然后，再将七水合亚硫酸钠、过硼酸钠、碳酸钠、沸石、过碳酸钠和柠檬油混合均匀，得到混合物 B。最后，将混合物 A 和 B 搅拌均匀，即得成品。

来源：中国发明专利 CN103695199A。

5.2.3 柔软洗衣粉

特点：既具有良好的去污力，又有一定的柔软效果。

配方 1：

原料名称	用量/%	原料名称	用量/%
十二烷基苯磺酸钠	16	碳酸钠	5
十四烷基硫酸钠	3	羧甲基纤维素	1
牛油脂肪酸钠	1	酶	0.5
三聚磷酸钠	17	荧光增白剂 CBW 和香料	微量
合成沸石	2	硫酸钠	36.5
硅酸钠	13	水	5

配方 2：

原料名称	用量/%	原料名称	用量/%
$C_{16} \sim C_{18}$ α-磺化脂肪酸二钠	20	羧甲基纤维素	0.5
可溶胀层状硅酸盐	10	乙二胺四乙酸	0.2
椰子油脂肪酸甲乙醇酰胺	4	硫酸钠	30
硅酸钠	7	水	6.3
过硼酸钠	22		

配方 3：

原料名称	用量/%	原料名称	用量/%
十八醇聚氧乙烯醚磷酸单酯钠/双酯钠	6.7	硅酸钠	4.2
$C_{16} \sim C_{18}$ 醇聚氧乙烯(20)醚	6.7	硫酸钠	56.2
双十八烷基二甲基氯化铵	16.7	荧光增白剂 CBS	0.3
羧甲基纤维素钠	1.3	香料	0.2
过碳酸钠	6.7	过碳酸钾	1

制法：将表面活性剂依次加入配料罐中，再加计量的水，使浆料总固体达到 60% 左右。投入除香料、过碳酸钠、过碳酸钾外的其余物料，搅拌均匀后在高塔内喷雾干燥成空心颗粒。将过碳酸钠和过碳酸钾加入洗衣粉中，混合均匀，最后加入香料，混匀后得成品。

5.2.4 无磷低泡洗衣粉

配方1：

特点：水溶性好，泡沫低、易漂洗、去污力强，抗硬水好，抗积垢能力强，长时间洗涤后布草不发硬、不泛灰、不泛黄。

配方：

原料名称	用量/%			原料名称	用量/%		
	例1	例2	例3		例1	例2	例3
脂肪醇聚氧乙烯(9)醚	6	8	4	五水偏硅酸钠	20	15	15
皂粉	4	5	4	碳酸钠	10	20	15
烷基苯磺酸钠	4	3	5	羧甲基纤维素钠	2	1.5	3
复合二硅酸钠	22	15	25	增白剂CBW-02	0.5	0.5	0.5
分散剂Sokalan CP5	5	5	3	硫酸钠	26.5	27	25.5

制法：将碳酸钠、硫酸钠、复合二硅酸钠和增白剂加入搅拌器中，混合均匀，然后依次缓慢加入脂肪醇聚氧乙烯（9）醚和分散剂Sokalan CP5（马来酸-丙烯酸钠盐聚合物）搅拌均匀至蓬松状。向搅拌机中依次加入烷基苯磺酸钠、羧甲基纤维素钠和皂粉搅拌均匀，最后加入五水偏硅酸钠搅拌几分钟，即成蓬松状的白色洗衣粉。

来源：中国发明专利CN104342329A。

配方2

特点：配方简单，不含磷，抗污垢沉积性能强。

配方：

原料名称	用量/%	原料名称	用量/%
$C_{12}\sim C_{15}$仲醇聚氧乙烯(9)醚	14	聚乙烯吡咯烷酮	1
沸石	14	羧甲基纤维素钠	1
碳酸钠	20	无水偏硅酸钠	30
硫酸钠	20		

制法：将碳酸钠加入搅拌器中，搅拌条件下喷洒 $C_{12}\sim C_{15}$ 仲醇聚氧乙烯（9）醚，然后依次加入沸石、硫酸钠、聚乙烯吡咯烷酮、羧甲基纤维素钠和无水偏硅酸钠，搅拌至混合物为自由流动粉末，按需加入香料和染料。

来源：http://www.dow.com/。

5.2.5 加酶增白增香洗衣粉

特点：去污力强，洗后织物颜色鲜艳，白度高，香味明显。

配方1：

原料名称	用量/%	原料名称	用量/%
十二烷基苯磺酸钠	6.0	水玻璃	5.0
荧光增白剂 CBW	0.15	羧甲基纤维素(CMC)	1.0
磷酸钠	41.9	硫酸钠	15.0
$C_{18} \sim C_{22}$ 脂肪酸钠	2.0	$C_{16} \sim C_{22}$ 脂肪酸	1.55
硅酸镁	2.85	液体聚丙烯	0.3
脂肪醇聚氧乙烯醚	2.25	过硼酸钠	10.0
粒状酶	1.0	水	补足100
香料	0.3		

制法：将十二烷基苯磺酸钠、水玻璃、CMC、荧光增白剂 CBW、20％磷酸钠、13.5％硫酸钠、$C_{18} \sim C_{22}$ 脂肪酸钠和适量水制成粉的混合中间物，另将粒状磷酸钠21.9％、硅酸镁、1.5％硫酸钠、脂肪醇聚氧乙烯醚、0.75％脂肪酸和0.3％液体聚丙烯制成干燥的粉状物。最后将这两种混合的粉状中间物在混合器中混合，加入过硼酸钠、酶、香料、0.8％的脂肪酸和0.2％的液体聚丙烯，混合均匀即得到加酶增白增香洗衣粉。

配方2：

原料名称	用量/%	原料名称	用量/%
十二烷基苯磺酸钠	20.0	碳酸钠	5.0
4A 沸石	20.0	荧光增白剂	0.5
硅酸钠	10.0	CMC	1.0
酶	0.3	香料	0.5
过碳酸钠(用 3.4％ $NaBO_2$ 和硅酸钠包覆)	10.0	水	补足100
硫酸钠	27.7		

制法：将碳酸钠、硫酸钠、4A 沸石、CMC、十二烷基磺酸钠和硅酸钠加入搅拌器中，搅拌下喷入水，搅拌均匀至自由流动粉体，然后加入酶、过碳酸钠、荧光增白剂搅拌均匀，最后喷入香料，搅拌至混合物呈自由流动粉体，即得到产品。

5.2.6　含氧浓缩植物炭洗衣粉

特点：高倍浓缩、去污力强、中性温和、杀菌漂白、防静电、节水易漂。

配方：

原料名称	用量/份			原料名称	用量/份		
	例1	例2	例3		例1	例2	例3
过碳酰胺	25	19	25	玉米植物炭颗粒	11	8	11
脂肪醇聚氧乙烯(3)醚(AEO-3)	4	5	3	月桂酸	11	11	12
十二烷基甜菜碱(BS-12)	6	8	7	椰油粉	6	10	9
碳酸钠	20	30	20	硅酸钠	12	14	11
硫酸钠	16	20	20	去离子水	100~	100~	100~
脂肪酸甲酯磺酸钠(MES)	0.7	5	4.5		120	120	120

制法：称取过碳酰胺、AEO-3、BS-12、碳酸钠、硫酸钠、MES、玉米植物炭颗粒、月桂酸、椰油粉和硅酸钠，加入 100～120 份去离子水配制成洗衣粉浆料，进行喷雾干燥，喷雾干燥时进风口温度为 500℃，出口温度为 50℃，即得到洗衣粉成品。

来源：中国发明专利 CN103540446A。

5.2.7　茶皂素洗衣粉

特点：茶皂素为天然的非离子型表面活性剂，具有很强的分散性、润湿性，可以使洗衣粉快速地溶解于水中，与衣物接触，减弱污渍与衣物的附着力，使污渍脱离衣物而溶于水中，从而解决了衣物清洗后有白色沉淀物以及易褶皱的问题。

配方：

原料名称	用量/%			原料名称	用量/%		
	例1	例2	例3		例1	例2	例3
烷基苯磺酸钠	20	25	30	次氯酸钠	5	4	6
聚氧乙烯醚硫酸钠	20	18	22	漂白促进剂	2	1	2
碳酸钠	15	15	10	荧光增白剂	5	4	3
硅酸钠	18	15	10	香精	2	1	1
蛋白酶	8	7	8	茶皂素	5	10	8

制法：将烷基苯磺酸钠、聚氧乙烯醚硫酸钠、碳酸钠、硅酸钠加入搅拌器，搅拌混合均匀，配制成洗衣粉料浆，喷雾干燥成粉末；待粉体温度冷却至室温后，依次加入次氯酸钠、漂白促进剂、荧光增白剂、香精、蛋白酶和茶皂素，混匀即得到洗衣粉。

来源：CN105368598A。

5.2.8　抗菌/除螨洗衣粉

配方 1

特点：含抗螨成分锡兰肉桂叶提取物丁香酚和松油烯-4-醇，具有去污、杀菌和除螨三重功效。

配方：

原料名称	用量/份		原料名称	用量/份	
	例1	例2		例1	例2
锡兰肉桂叶提取物	18	22	沸石粉	14	5
蛇床子	5	5	碳酸钠	10	10
大黄	1	1	去离子水	4	8
苯甲酸甲酯	10	15			

制法：将大黄、蛇床子磨粉，与沸石粉和碳酸钠混合均匀；依次喷入去离子水。锡兰肉桂叶提取物和苯甲酸甲酯，搅拌均匀制成洗衣粉料浆，喷雾干燥成粉末，即得到抗菌/除螨洗衣粉。

来源：CN105886153A。

配方 2

特点：具有去污、杀菌双重功效，并能有效抑螨除螨。

配方：

原料名称	用量/kg				原料名称	用量/kg			
	例1	例2	例3	例4		例1	例2	例3	例4
十二烷基苯磺酸钠	20	20	20	20	苯氧基乙醇	1	1	1	1
十二烷基硫酸钠	20	20	20	20	N,N-二乙基-2-苯基乙酰胺	0.3	—	0.3	0.3
十二烷基二甲基氧化胺	5	5	5	5	嘧螨胺	0.1	0.25		0.2
4A 沸石	25	25	25	25	乙螨唑	0.1	0.25	0.2	—
碳酸钠	15	15	15	15	水	6	6	6	6

制法：将除苯氧基乙醇和除螨剂外的原料混合均匀，经喷雾干燥成粉末，再与苯氧基乙醇和除螨剂混合，制备成杀菌除螨洗衣粉。

来源：中国发明专利 CN103865671A。

5.2.9 护手洗衣粉

配方 1

特点：无磷，不会引起水体的富营养化；含有的芦荟提取物成分对手部皮肤有护理保养作用。

配方：

原料名称	用量/份			原料名称	用量/份		
	例1	例2	例3		例1	例2	例3
偏硅酸钠	15	35	23	羧甲基纤维素钠	0.5	3	1
脂肪酸甲酯钠盐	10	16	13	膨润土	2	5	4
无水硫酸钠	10	20	17	香精	0.1	0.5	0.3
芦荟提取物	3	8	6				

制法：将除芦荟提取物和香精外的原料混合，在混合器中混匀后喷入芦荟提取物和香精，搅拌至混合物呈自由流动粉体状态，即得到护手洗衣粉。

配方 2

特点：含漆酶和植物基表面活性剂，对特殊污渍有良好的去除效果，环境友好，易于降解，且产品呈中性，有效保护织物纤维，手洗不刺激。

配方：

原料名称	用量/%			原料名称	用量/%		
	例1	例2	例3		例1	例2	例3
脂肪醇聚氧乙烯醚硫酸钠	5	20	30	羧甲基纤维素钠	1.0	0	2
脂肪醇硫酸钠	10	—	—	高分子助洗剂	0.8	0	5
脂肪醇聚氧乙烯醚	20	5	—	柠檬酸钠	5	10	7
脂肪酸甲酯磺酸钠	10	5	—	荧光增白剂	0	0	0.01
漆酶	0.05	0.08	0.04	酶制剂	2.0	0	0.5
膨润土	40	50	50	硫酸钠	补足100	补足100	补足100

制法：采用干混式工艺制备，开动搅拌，按照配方比例投入各种原料，搅拌均匀即得到配方产品。

来源：CN102533468A。

5.3 液体织物洗涤剂

液体织物洗涤剂是使用量最大的一种液体洗涤剂，它用于各种织物的洗涤和保养。这些织物一般为棉、棉/化纤或化纤制品，常常沾染人体污垢、固体污垢及动植物油脂等。因此，洗涤剂配方应有以下基本要求：

① 去污力强。

② 水质适应性好，可用于硬水。

③ 泡沫合适。对于机洗，泡沫不能高，应易于漂洗。

④ 碱性适中。重垢洗液可有一定的碱性，以提高去污力，但碱性应符合国家标准。

洗衣液一般由表面活性剂、增效剂、pH调节剂、螯合剂、功能性助剂、染料、防腐剂、消泡剂、无机盐、溶剂与助溶剂等构成，常用原料如下：

表面活性剂：表面活性剂是液体洗衣液去除污垢的主要活性成分，常由阴离子表面活性剂和非离子表面活性剂组成。常用的表面活性剂有脂肪醇聚氧乙烯醚硫酸钠、脂肪醇聚氧乙烯醚、烷基苯磺酸钠、烷基磺酸钠、烯基磺酸盐和烷醇酰胺等。

增效剂：增效剂即增效因子，是指在液体洗涤剂中起增强洗涤效果的成分，其产品有蛋白酶、脂肪酶、分散剂聚丙烯酸钠等。

pH调节剂：常用氢氧化钾、氢氧化钠、柠檬酸、柠檬酸钠、琥珀酸钠、碳酸钠、碳酸氢钠、偏硅酸钠、磷酸盐等。

螯合剂：常用EDTA-2Na、柠檬酸钠、次氮基三乙酸钠等。

无机盐：常以氯化钠为主，用于调节洗衣液黏度；酶制剂保护用硫酸钠。

功能性助剂：包括用于增白增艳的荧光增白剂、用于彩漂的活性氧助剂、起抗菌作用的植物提取物等。

溶剂和助溶剂：乙醇、乙二醇醚、二元醇、三乙醇胺、异丙醇等。

消泡剂：消泡剂常用来控制洗衣液中的泡沫数量，起到易于漂洗、省水的作用。常用的消泡剂有有机硅类、聚醚类和矿物油类。其中，有机硅消泡剂的消、抑泡效果最好，但其经常以乳液形式使用，添加量稍大时将会影响洗衣液的透明性；聚醚类消泡剂在浊点以上有消泡作用，该类消泡剂适用于透明洗衣液的配制；矿物油类消泡剂价格相对较低，经济性强。

防腐剂：液体洗涤剂常用的防腐剂有卡松、苯并异噻唑啉酮、布罗波尔等。

我国液体洗涤剂始于 1967 年的海鸥牌，经过数十年的发展，特别是经过 2008 年以来液体洗涤剂市场的爆发性增长，至今已具备相当规模，并逐渐走向成熟。在今后一段时间，液体洗涤剂的发展将以浓缩化、低温节水、安全环保、循环经济为趋势。

5.3.1 羽绒服洗衣液

配方 1

特点：无色透明低黏度液体，有愉快的香气，清洁力强、低泡，不需要清水反复清洗，节省水资源，洗后的羽绒服有很好的柔软性和抗静电效果，pH 值呈中性，对人体皮肤无刺激性，无洗涤剂残留痕迹。

配方：

原料名称	用量/kg	原料名称	用量/kg
脂肪醇聚氧乙烯醚硫酸钠	14	纯净水	71
椰油醇二乙醇酰胺	5	乳化二甲基硅油	0.2
异构脂肪醇聚氧乙烯醚	5	硼砂	0.2
十二烷基二甲基氧化胺	5	香精	0.5

制法：在反应釜中计量称取纯净水 71kg，加热至（60±2）℃；依次将脂肪醇聚氧乙烯醚硫酸钠 14kg、椰油醇二乙醇酰胺 5kg、异构脂肪醇聚氧乙烯醚 5kg、十二烷基二甲基氧化胺 5kg 缓慢加入纯净水中，搅拌 60min。然后，依次加入乳化二甲基硅油 0.2kg、硼砂 0.2kg、香精 0.5kg，搅拌均匀。温度降至常温后，测试相关技术指标，合格后过滤装入包装。

用途：特别适用于羽绒服洗涤。

来源：中国发明专利 CN102690731A。

配方 2

特点：无色透明低黏性液体，有愉快的香气，清洁力强、柔软性好，不伤衣物，对人体刺激性小。

配方：

原料名称	用量/%	原料名称	用量/%
乙二胺四乙酸二钠(40%)	0.5	聚氧乙烯(9)壬基酚醚	25.0
三乙醇胺	2.0	荧光增白剂 CBW-20	0.35
咪唑啉柔软剂	6.5	香料、色料、防腐剂	0.1
二甲苯磺酸钠(40%)	10.5	去离子水	55.05

制法：在乳化釜中加入计量去离子水，加热至 55～60℃，依次投入二甲苯磺酸钠、聚氧乙烯（9）壬基酚醚、咪唑啉柔软剂、乙二胺四乙酸二钠和三乙醇胺，搅拌均匀（40～60min）。将物料冷却至 40℃，加入荧光增白剂 CBW-20、香料、色料和防腐剂搅拌均匀，得到适用于羽绒服的液体洗涤剂

用途：特别适用于羽绒服洗涤。

5.3.2 浓缩洗衣液

配方1

特点：配方温和，去污力强，两倍水稀释后黏度更高。

配方：

原料名称	用量/%				原料名称	用量/%			
	例1	例2	例3	例4		例1	例2	例3	例4
脂肪醇聚氧乙烯醚硫酸钠	27	32	28	30	氯化钠	6	5	5.5	5.5
增稠型脂肪醇聚氧乙烯醚	9	10	11	9.5	香精	0.4	0.5	0.6	0.5
棕榈酸甲酯聚氧乙烯醚	12	9	10	11	防腐剂	0.12	0.12	0.12	0.12
椰子油脂肪酸二乙醇酰胺	6	5	5.5	5	去离子水	补足	补足	补足	补足
月桂酰胺丙基氧化胺	6	7	8	7.5		100	100	100	100

制法：将去离子水加入乳化釜中，加热至 40～50℃，搅拌下加入脂肪醇聚氧乙烯醚硫酸钠、增稠型脂肪醇聚氧乙烯醚、棕榈酸甲酯聚氧乙烯醚、椰子油脂肪酸二乙醇酰胺、月桂酰胺丙基氧化胺，搅拌均匀；降温至 40℃以下，加入氯化钠调节物料至适当黏度，然后加入香精、防腐剂搅拌均匀，得到产品。

配方2

特点：高度浓缩碱性洗衣液，低温稳定，去污力强，低泡易漂洗、无磷、无荧光增白剂、生物降解性好。

配方：

原料名称	用量/%			原料名称	用量/%		
	例1	例2	例3		例1	例2	例3
十二烷基苯磺酸	8.0	11.0	14.0	丙二醇	5.0	5.0	5.0
乙氧基(7)脂肪酸甲酯磺酸钠(C18)(70%)	6.0	8.0	10.0	柠檬酸钠	5.0	3.0	2.0
				抗再沉积剂 Acusol 845	1.0	2.0	3.0
脂肪醇聚氧乙烯(9)醚	9.0	10.0	12.0	有机硅消泡剂	0.1	0.15	0.2
α-烯基磺酸钠	2.0	6.0	10.0	Savinase LCC	0.3	0.7	1.0
月桂酸	3.0	3.0	3.0	防腐剂、香精、色素	适量(香精 0.2～0.5；防腐剂 0.02～0.1)		
辛癸基糖苷	1.0	1.5	2.0				
乙醇	3.0	3.0	3.0	去离子水	补足 100	补足 100	补足 100

制法：将去离子水总量的 60％～80％加热至 40～50℃，并置于化料釜中，加入配比量氢氧化钠溶解，然后加入十二烷基苯磺酸、月桂酸搅拌至完全溶解，调节 pH 至 7.0～8.0。然后在物料中依次加入 α-烯基磺酸钠、乙氧基（7）脂肪酸甲酯磺酸钠（C_{18}）、脂肪醇聚氧乙烯（9）醚、辛癸基糖苷、乙醇、丙二醇溶解。接着，在其中加入柠檬酸钠、抗再沉积剂、香精、防腐剂、色素、有机硅消泡剂、Savinase LCC 及剩余去离子水，静置 1.5～2.0h，即可得到所述的浓缩液体洗涤剂。

用途：适于机洗棉、麻、合成纤维等织物。

来源：中国发明专利 CN104031756A。

配方 3

特点：由多种安全、温和、易降解的表面活性剂复配而成，在高低温下稳定性好，−5℃仍然为澄清透明液体，无浑浊、凝胶或结冻现象，而且具有黏度低、易溶于水、使用方便、去污力强、易漂洗的特点。

配方：

原料名称	用量/份		原料名称	用量/份	
	例 1	例 2		例 1	例 2
椰油酸	2	4	柠檬酸钠	0.5	—
直链十二烷基苯磺酸钠	10	12	琥珀酸钠	0.5	—
C_{12}～C_{14}脂肪醇聚氧乙烯醚硫酸钠（70％）	20	10	柠檬酸	0.2	0.5
			氯化钠	1.5	
C_{10}仲醇聚氧乙烯（9）醚	16	—	氯化镁	—	1
C_{11}醇聚氧乙烯/聚氧丙烯醚-9	7	—	液体蛋白酶	0.4	—
C_8～C_{10}烷基糖苷（50％）	5	—	液体脂肪酶	—	0.5
异辛醇聚氧乙烯/聚氧丙烯醚-9	—	10	硼砂	0.5	—
C_{12}～C_{14}醇聚氧乙烯醚-9	—	10	甲酸钠	—	1
C_{12}～C_{14}烷基糖苷（50％）	—	5	二苯乙烯基联苯二磺酸钠	0.4	0.2
氢氧化钠	0.4	0.8	防腐剂凯松	0.2	0.003
二甲苯磺酸	2	—	色素	0.0005	
异丙苯磺酸钠	—	1	香精	0.2	0.2
乙二胺四乙酸二钠	—	0.2	软化水	33.2	43.68

制法：向配料罐中先加入软化水，启动加热和搅拌，加入碱，升温至 50℃后保温，加入脂肪酸，搅拌至全部溶化并均匀透明；继续保温搅拌，依次向透明溶液中加入阴离子表面活性剂、非离子表面活性剂和水溶助长剂，继续搅拌至溶解完全；将溶解液冷却至 35℃，再依次加入螯合剂、酶稳定剂、柠檬酸、荧光增白剂、无机盐、生物酶、防腐剂、色素和香精，搅拌至料液呈均匀透明状态；取样检测合格后进行过滤处理，静置 3h，抽样检测，灌装，包装成品。

来源：中国发明专利 CN103275829A。

5.3.3 羊毛洗涤剂

配方 1

特点：透明微黏液体，适宜洗涤羊毛织物和精细织物。

配方：

原料名称	用量/%	原料名称	用量/%
椰油酰胺丙基甜菜碱	15	仲烷基磺酸钠	25
羊毛脂聚乙二醇-75	2	软化水	补足100

制法：先将软化水注入混合罐中，加热至 $35\sim45℃$；依次加入椰油酰胺丙基甜菜碱、羊毛脂聚乙二醇-75、仲烷基磺酸钠，低速搅拌均匀，静置 $1\sim2h$ 后，灌装、包装。

用法：30℃以下手洗或机洗，5L 水中约加入 20g。

配方 2

特点：去脂效果好，杀菌作用强，洗涤后羊毛手感好，白度高，制备工艺简单。

配方：

原料名称	用量/份			原料名称	用量/份		
	例1	例2	例3		例1	例2	例3
月桂醇聚氧乙烯醚	7	11	9	柠檬酸	2	4	3
仲烷基磺酸钠	6	9	8	羧甲基纤维素钠	0.5	2	1
棕榈酸甲酯-α-磺酸钠	2	4	3	异噻唑啉酮	1	3	2
壬基酚聚氧乙烯醚(10)硫酸钠	3	5	4	去离子水	100	120	110

制法：将月桂醇聚氧乙烯醚、仲烷基磺酸钠、棕榈酸甲酯-α-磺酸钠、壬基酚聚氧乙烯醚（10）硫酸钠加入到去离子水中，搅拌直至混合均匀，再加入柠檬酸和异噻唑啉酮，继续搅拌 10min，最后加入羧甲基纤维素钠调节黏度，即得到羊毛原毛洗涤剂。

用途：适合于酸性洗毛法的羊毛原毛洗涤剂。

来源：CN103666827A。

5.3.4 柔顺温和儿童洗衣液

配方 1

特点：天然植物抑菌配方，温和不伤手，具有薄荷的芳香气味和一定的抗菌功能，对大肠杆菌、金黄色葡萄球菌、白色念珠菌的平均抑菌率大于 90%。

配方：

原料名称	用量/%	原料名称	用量/%
十二烷基苯磺酸钠	15	羟基亚乙基二膦酸	2.5
十六醇	18	氯化钠	13
C_{12}～C_{15}脂肪醇聚氧乙烯(7)醚	9	丙烯酸-丙烯酸酯-磺酸共聚物	16
硬脂酸甘油酯	16	薄荷醇	1
茶树油	2	去离子水	补足100

制法：向45℃去离子水中加入十二烷基苯磺酸钠、十六醇、C_{12}～C_{15}脂肪醇聚氧乙烯（7）醚、硬脂酸甘油酯和羟基亚乙基二膦酸，搅拌混匀。然后，向混合液中加入氯化钠和丙烯酸-丙烯酸酯-磺酸共聚物，于45℃条件下搅拌35min，降温后再向混合液中加入茶树油和薄荷醇，搅拌混合均匀，进行分装。

用途：特别适合于儿童用品的洗涤。

来源：中国发明专利CN103540438A。

配方2

特点：对儿童皮肤无刺激，温和，去油污、奶渍、尿渍能力强，易漂洗、残留物少，衣物柔软，阴雨天不会有异味。

配方：

原料名称	用量/份		原料名称	用量/份	
	例1	例2		例1	例2
皂基十二烷基磺酸钠	40	25	拉丝粉	2	2
脂肪醇聚氧乙烯醚	20	15	增稠剂	5	6
脂肪醇聚氧乙烯醚硫酸钠	10	10	衣物柔顺剂	3	5
脂肪酸钾盐	8	5	盐	1	2
脂肪酸甲酯磺酸钠	10	6	亮蓝色素	1	4
椰子油脂肪酸二乙醇酰胺	12	8	柠檬酸	1	2
苯甲酸钠	8	5	水	40	45
烷基糖苷	5	10			

制法：向配料罐中先加入水，启动加热和搅拌，升温至50～60℃，加入皂基十二烷基磺酸钠、脂肪酸钾盐、脂肪酸甲酯磺酸钠、椰子油脂肪酸二乙醇酰胺、脂肪醇聚氧乙烯醚、脂肪醇聚氧乙烯醚硫酸钠和烷基糖苷搅拌均匀，再加入苯甲酸钠、拉丝粉和增稠剂搅拌至均匀透明，然后降温至40℃以下加入衣物柔顺剂、亮蓝色素、柠檬酸和盐，搅拌至料液呈均匀透明状态，静置2h，抽样检测、过滤、灌装。

用途：特别适合于儿童用品的洗涤。

来源：中国发明专利CN105907502A。

5.3.5 衣领净

配方1

特点：能够有效去除衣领上的汗渍、黄垢，见效快，并且不损伤衣物。

配方：

原料名称	用量/份			原料名称	用量/份		
	例1	例2	例3		例1	例2	例3
钾皂	10	22	14	丁烷	1	4	1.5
三乙醇胺油酸皂	2	5	2.5	碳酸钠	5	10	6
1,2-丙二醇	1.5	5	2	沸石	5	10	6
葡萄糖三乙酸酯	2	5	2.5	苯甲酸钠	0.5	1.2	0.8
脂肪醇聚氧乙烯醚	14	25	18	柠檬香精	0.02	0.05	0.025
一缩二丙二醇	20	50	35	黏土	15	24	17
荧光增白剂 CBS-X	0.2	0.5	0.25	去离子水	3	8	4

制法：将去离子水加热至30℃，依次加入钾皂、三乙醇胺油酸皂和1,2-丙二醇，搅拌溶解后，在30℃加入葡萄糖三乙酸酯、脂肪醇聚氧乙烯醚、一缩二丙二醇、CBS-X、丁烷、碳酸钠、沸石、苯甲酸钠、柠檬香精和黏土，搅拌1～2h，即得成品。

用途：棉织物衣领、袖口用清洁剂。

用法：将衣领净涂抹在衣领表面，数十秒后轻轻揉搓，即可将衣领表面的污渍全部去除。

来源：CN104862145A。

配方2

特点：含有复合酶制剂，对油脂、汗渍有强烈的去除效果。

配方：

原料名称	用量/%			原料名称	用量/%		
	例1	例2	例3		例1	例2	例3
脂肪醇聚氧乙烯(10)醚	8	10	2	酶稳定剂	—	0.05	0.1
脂肪醇聚氧乙烯(7)醚	6	5	2	二缩丙二醇乙酸酯	5	5	7
壬基酚聚氧乙烯(10)醚	10	3	4	乙二醇	10	10	9
脂肪醇醚硫酸钠(AES)	2	3	4	溶剂(低沸点)	6	5	8
柠檬酸钠	2	2	2	去离子水	100	100	100
液体复合酶	—	2	3				

制法：将去离子水加入到化料罐中，并加热至40℃，然后加入脂肪醇聚氧乙烯（10）醚、脂肪醇聚氧乙烯（7）醚、壬基酚聚氧乙烯（10）醚、脂肪醇醚硫酸钠、二缩丙二醇乙酸酯、乙二醇和溶剂，搅拌至完全溶解，然后加入柠檬酸钠、液体复合酶和酶稳定剂，搅拌至完全溶解，静置2h，取样检测合格后，过滤灌装，得到产品。

5.3.6 抗紫外线洗衣液

配方1

特点：该洗衣液在洗涤过程中，可在衣物表面形成一层牢固紧密的膜，阻断紫外线透过，并可将照射在衣物上的大部分紫外线吸收，有效提高织物的抗紫外线效果。

配方：

原料名称	用量/份		原料名称	用量/份	
	例1	例2		例1	例2
脂肪醇聚氧乙烯醚硫酸钠	150	300	烯基磺酸盐	60	150
烷基糖苷	250	150	增稠剂	5	30
醇醚羧酸盐	80	240	柔顺剂	25	150
椰子油二乙醇酰胺	380	150	防晒剂	5	30

制法：将椰子油二乙醇酰胺、烯基磺酸盐和增稠剂放入搅拌罐中，缓慢升温至40℃，加热搅拌1h。再依次加入脂肪醇聚氧乙烯醚硫酸钠、烷基糖苷、醇醚羧酸盐、柔顺剂、防晒剂，继续保温30min，然后将温度升至80～90℃反应2h，之后按照每分钟降5℃的速度，将釜内温度降至40℃，即得成品。

用途：衣物的防紫外线整理。

来源：CN101096616。

配方2

特点：浸渍型纺织品抗紫外线洗衣液，具有使用方便，能有效提高织物抗紫外线系数，保护人体免受强烈阳光照射的伤害的功能。

配方：

原料名称	用量/%	原料名称	用量/%
直链烷基苯磺酸钠(LAS,75%)	7.0	柠檬酸(50%溶液)	6.5
C_{12}～C_{18}椰油脂肪酸	7.5	氢氧化钾(45%溶液)	9.5
C_{14}～C_{15}醇聚氧乙烯(7～8)醚	17.0	Tinosorb FD(紫外吸收剂)	0.22
三乙醇胺	7.5	去离子水	补足100
1,2-丙二醇	11.0		

制法：混合三乙醇胺和丙二醇，搅拌下加入LAS溶液（用去离子水稀释至含固量为30%），然后加入脂肪醇聚氧乙烯醚，加2%温热的Tinosorb FD悬浮液，再加椰油脂肪酸。搅拌下，缓缓加入氢氧化钾溶液、水合柠檬酸溶液，搅拌均匀即得到防紫外线洗衣液。

5.3.7 亮蓝洗衣液

特点：洗涤后衣物洁白度高、亮度好，且具有一定的柔顺性。

配方：

原料名称	用量/%	原料名称	用量/%
脂肪醇聚氧乙烯醚硫酸钠(AES)	9.0	荧光增白剂CBW-20	0.2
α-烯基磺酸	8.0	聚酯季铵盐柔顺剂	0.2
氢氧化钠	1.2	香精	0.1
脂肪醇聚氧乙烯(9)醚(AEO-9)	1.8	卡松	0.1
椰油酰胺丙基甜菜碱(CAB)	3.0	EDTA二钠	0.1
椰子油脂肪酸二乙醇酰胺(6501)	1.5	色素亮蓝	0.3
氯化钠	2.0	去离子水	补足100

制法：将去离子水注入搅拌罐中，先加入 EDTA 二钠搅拌溶解，然后加入氢氧化钠，再加入 α-烯基磺酸搅拌溶解，调节 pH 在 6～8 之间；然后，将物料加热至 60℃，依次加入 AEO-9、AES、6501、CAB，搅拌混合溶解，降温至 40℃，加入荧光增白剂 CBW-20、聚酯季铵盐柔顺剂，然后加入氯化钠搅拌，调节黏度达到要求，再加入香精、色素亮蓝、卡松搅拌均匀，静置 1～2h，检测合格后灌装，得到产品。

用途：淡色，特别是白色织物的洗涤。

5.3.8 柔顺护色洗衣液

配方 1

特点：快速洁净，护衣护色，柔顺衣物，保持衣物形状，延长衣物寿命。

配方：

原料名称	用量/%	原料名称	用量/%
脂肪醇聚氧乙烯醚	12	异噻唑啉酮	1
乙氧基化烷基硫酸钠	12	AES 伴侣增稠剂	1.5
聚羧酸高性能减水剂	10	香精	0.2
氢化椰油酸钾	15	去离子水	补足 100

制法：首先将准备好的去离子水和脂肪醇聚氧乙烯醚混合搅拌均匀，搅拌的同时缓慢升温至 65℃，当脂肪醇聚氧乙烯醚溶解后，加入乙氧基化烷基硫酸钠、聚羧酸高性能减水剂、氢化椰油酸钾、异噻唑啉酮充分混合搅拌，降温至 35℃，再加入香精搅拌溶解，最后加入 AES 伴侣增稠剂，并搅拌均匀，得到成品。

来源：CN104629938A。

配方 2

特点：干净明亮、不伤手、防褪色、保色，洗后衣物柔顺，不起静电。

配方：

原料名称	用量/%	原料名称	用量/%
脂肪醇聚氧乙烯醚硫酸钠	12.2	荧光增白剂 CBW-02	0.1
十二烷基苯磺酸钠	2.6	染料 ARE 52	0.025
氢氧化钠	0.35	防腐剂	0.04
甜菜碱	2.0	氯化钠	0.5
脂肪醇聚氧乙烯(9)醚	5.8	去离子水	补足 100
复合消泡剂 HK	0.05		

制法：称取准确量去离子水加入乳化釜中，加入氢氧化钠，搅拌至完全溶解后加入十二烷基苯磺酸钠，升温至 50～55℃搅拌溶解；然后加入脂肪醇聚氧乙烯醚硫酸钠、脂肪醇聚氧乙烯（9）醚、甜菜碱和复合消泡剂 HK，搅拌至完全溶解，降温至 40℃以下，用氯化钠调整物料至所需黏度，加入荧光增白剂 CBW-

02、染料 ARE 52、防腐剂，搅拌至所加物料完全溶解、均匀，得到柔顺护色洗衣液。

5.3.9　抗皱柔软洗衣液

特点：同时具有柔软、抗皱、低泡、酶活性，且体系稳定，去污力强。

配方：

原料名称	用量/%	原料名称	用量/%
脂肪醇聚氧乙烯醚	8	柠檬酸钠	2
脂肪醇聚氧乙烯醚硫酸钠	22	小麦蛋白/聚硅氧烷共聚物	2
1-甲基-1-油酰胺乙基-2-油酸基咪唑啉硫酸甲酯铵	1	丙二醇	2
		防腐剂桑普 K15	0.1
$C_8 \sim C_{10}$烷基糖苷	3	超强蛋白酶 16XL	0.3
皂粉	1	荧光增白剂 CBS-X	0.1
无水氯化钙	0.02	去离子水	补足 100

制法：将去离子水投入反应釜中，加入柠檬酸钠和无水氯化钙，搅拌溶解，并升温至 50～60℃，加入皂粉搅拌 10～15min，加入脂肪醇聚氧乙烯醚硫酸钠保温搅拌溶解，再加入脂肪醇聚氧乙烯醚和 $C_8 \sim C_{10}$烷基糖苷，保温 30～60℃搅拌溶解，然后在 30～50℃加入 1-甲基-1-油酰胺乙基-2-油酸基咪唑啉硫酸甲酯铵、小麦蛋白/聚硅氧烷共聚物和丙二醇，搅拌溶解，降温至 45℃以下加入防腐剂桑普 K15，降温至 40℃以下加入超强蛋白酶 16XL 和荧光增白剂 CBS-X 搅拌溶解，得到洗衣液。

来源：CN102965222A。

5.3.10　防缩水洗衣液

配方 1

特点：减少衣物在洗涤过程中的用水量。

配方：

原料名称	用量/%	原料名称	用量/%
对甲基苯磺酸钠	5.6～5.7	香料	适量
十二烷基苯磺酸钠	5.5	色素	适量
脂肪醇聚氧乙烯醚硫酸钠（AES）	4.8～5.0	乙醇	4.4～4.8
碳酸钠	2.2～2.4	食盐	0.8～1.0
十二烷基苯磺酸	1.5～1.6	去离子水	补足 100

制法：将去离子水加入不锈钢容器中，将 AES 加入水中，加热、搅拌，升温至 50℃，将对甲基苯磺酸钠、十二烷基苯磺酸钠、碳酸钠、十二烷基苯磺酸加入物料中继续搅拌直至溶解，降温至 35℃，加入香料、乙醇搅拌，加入食盐调节稠度，加入色素调色。

来源：CN1418939A。

配方 2

特点：能洗涤各种化纤类衣物，防止衣物缩水变小，清洗效果明显，具有抗菌去污、不伤手、令衣物亮丽、保持原形等优点。

配方：

原料名称	用量/%	原料名称	用量/%
对甲苯磺酸钠	24	乙氧基化烷基硫酸钠	23
色素	5	氯化钠	9
香精	5	去离子水	补足 100
防腐剂异噻唑啉酮	5		

制法：向对甲基苯磺酸钠中加入去离子水，50℃搅拌均匀，再加入乙氧基化烷基硫酸钠，搅拌均匀，降温至 35℃加入香精、色素、防腐剂异噻唑啉酮、氯化钠，即得到抗缩洗衣液。

来源：CN103540423A。

5.3.11 环保生物洗衣液

配方 1

特点：低黏度易流动液体，不含磷酸盐、荧光增白剂、烷基酚聚氧乙烯醚，对环境无污染。生产工艺简捷，易于制备和批量生产，可用于各种织物和衣物的洗涤，手洗和机洗皆宜。

配方：

原料名称	用量/kg				原料名称	用量/kg			
	例 1	例 2	例 3	例 4		例 1	例 2	例 3	例 4
脂肪醇聚氧乙烯醚硫酸钠-70	20	30	15	28	丙二醇	5	6	3	—
脂肪醇聚氧乙烯(9)醚	26	20	28	22	乙二醇	—	—	—	8
仲烷基磺酸钠-60	15	6	15	8	二丙二醇丁醚	12	12	—	—
二甲苯磺酸钠	—	—	—	3	二乙二醇丁醚	—	—	8	—
三乙醇胺	8	5	8	8	乙醇	—	2	—	4
柠檬酸钠	3	2	2	2	三氯羟基二苯醚	0.3	—	0.3	—
柠檬酸	0.2	—	—	0.5	甘油	—	—	—	8
棕榈酸	—	0.6	1.6	—	甲酸钠	—	—	—	1
硬脂酸	—	—	—	0.8	1,2-苯并异噻唑啉-3-酮	0.05	—	0.05	0.05
肉豆蔻酸	1	—	—	—	甲基异噻唑啉酮	—	0.002	—	—
液体蛋白酶	1	0.5	1	1	香精	0.2	0.2	0.2	0.2
液体脂肪酶	0.3	0.2	—	—	软化水	补足 100	补足 100	补足 100	补足 100
硼砂	0.5	—	—	—					

制法：启动配制罐搅拌，加入预加热熔化的脂肪醇聚氧乙烯（9）醚、三乙醇胺，加热升温；温度升至 55～75℃，加入脂肪酸，搅拌至全部熔化并均

匀透明；加入溶剂（乙醇、乙二醇或醇醚），搅拌 3～5min 至均匀，停止加热，依次加入脂肪醇聚氧乙烯醚硫酸钠、仲烷基磺酸钠，搅拌 10min；加入软化水，并开始料液降温，使料液温度保持在 20～40℃，搅拌均匀透明后，再依次加入柠檬酸钠、水溶助长剂（异丙苯磺酸钠或二甲苯磺酸钠）、酶稳定剂（丙二醇、甘油、硼砂），搅拌至溶解；依次加入杀菌剂（三氯羟基二苯醚）、生物酶，搅拌 10min 后再加入香精、防腐剂（1,2-苯并异噻唑啉-3-酮或甲基异噻唑啉酮/氯甲基异噻唑啉酮）；取样检测合格后，过滤，陈化处理，抽样检测，灌装，成品包装。

来源：CN102242022A。

配方 2

特点：采用天然绿色环保型表面活性剂，不含磷及苯、酚等对人体有害的有机物，不会造成环境污染，泡沫丰富细腻且易漂洗，去污能力强，使用后提高衣物的柔软度、蓬松性及抗静电性能，还具有杀菌消毒、降低刺激的特点。

配方：

原料名称	用量/份		原料名称	用量/份	
	例1	例2		例1	例2
烷基糖苷 0810	5	4	薰衣草香	0.2	—
烷基糖苷 1214	5	4	自然清香	—	0.15
脂肪醇聚氧乙烯醚	4	3	氯化钠	3.5	3.0
椰子油脂肪酸	1	0.8	防腐剂凯松	0.15	1.0
十二烷基硫酸钠	6	5	尿素	1.5	1
椰油酰胺丙基甜菜碱	2	1.6	去离子水	补足 100	补足 100

制法：将去离子水加入反应釜中，开动搅拌器，转速为 100～200r/min，搅拌过程中依次按配方量加入烷基糖苷 0810、烷基糖苷 1214、脂肪醇聚氧乙烯醚、椰子油脂肪酸、十二烷基硫酸钠、椰油酰胺丙基甜菜碱，搅拌至溶解均匀。继续按配方量加入香精、增稠剂、防腐剂和增效增溶剂，搅拌至溶解均匀，即得该洗衣液。

用途：适用于婴儿衣物，羽绒服、羊毛衫等各种衣物的洗涤。

来源：CN105296197A。

配方 3

特点：不含磷、苯、酚等对人体有害的有机物，安全绿色环保，不会造成环境污染，能同时去除多种顽固污渍，使用后衣物不褪色、颜色鲜艳、柔软，且能有效抗静电、防霉、防菌、防虫，适用于麻织物、羊毛、混纺、化纤、纯棉等各种物料的洗涤，且制备工艺简单，适合工业生产。

配方：

原料名称	用量/份	原料名称	用量/份
烷基糖苷（APG）	40	椰子油酰胺丙基氧化胺	8
椰子油脂肪酸二乙醇酰胺（6501）	11	乳化硅油柔顺剂	2.8
碱性蛋白酶	8	EDTA 二钠	0.18
无患子皂乳	11	海藻酸钠	0.8
苦参碱	1.5	杰马（防腐剂）	0.15
天然皂粉	6	荷花精油	0.8
杀虫菊精油	0.8	柠檬酸	适量
水溶性羊毛脂	1.5		（调节 pH 值至 7）

制法：按照配方量，取碱性蛋白酶加入 75～85℃热水中，搅拌分解后，再加入 APG、6501、苦参碱、EDTA 二钠、天然皂粉，搅拌反应 20～30min；继续加入无患子皂乳、椰子油酰胺丙基氧化胺、助剂，搅拌均匀，降温至 35～45℃；继续加入防腐剂、香精，加入适量的水，调节洗衣液黏度至 6000～10000cP，加柠檬酸调节 pH 值至 6～7，于 35～45℃搅拌反应均匀，静置，灌装即得成品。

来源：CN102517117A。

5.3.12　超浓缩绿色无水洗衣凝珠

特点：使用植物基绿色表面活性剂或聚醚类天然产物衍生物，对人畜无害，对环境无污染，生物兼容性好，易于运输与储存，大大降低了运输成本。

配方：

原料名称	用量/g	原料名称	用量/g
腰果酚聚氧乙烯醚	100	无水柠檬酸钠	12.0
椰子油脂肪酸二乙醇酰胺（6503）	20	碱性蛋白酶	50.0
脂肪醇聚氧乙烯醚硫酸钠（AES）	100	苦参碱	3.0
脂肪醇聚氧乙烯（15）醚	100	色素亮蓝	1.0
油酸	10	薄荷香精	50.0
聚乙二醇 800	200mL	无水硫酸钠	50.0

制法：室温下将腰果酚聚氧乙烯醚、椰子油脂肪酸二乙醇酰胺、脂肪醇聚氧乙烯醚硫酸钠、脂肪醇聚氧乙烯（15）醚和油酸溶于聚乙二醇 800 中，搅拌至完全溶解，缓慢加热到 80℃，得到黏稠澄清液体；向该液体中加入无水柠檬酸钠、碱性蛋白酶、苦参碱、色素亮蓝，溶液温度保持 80℃，搅拌至固体溶解后，搅拌冷却到室温，加入薄荷香精搅拌至液体澄清，再加入无水硫酸钠，干燥 1h，抽滤，得到浓缩无水洗衣液，在专用设备上，以水溶性聚乙烯醇为薄膜进行封装。

用法：将洗衣凝珠与衣物放入洗衣机中即可。

来源：CN106047522A。

5.3.13　工业洗衣液

配方 1

特点：无色透明液体，浊点大于 60℃。

配方：

原料名称	用量/%	原料名称	用量/%
己基二苯醚二磺酸钠	7.3	氢氧化钾（45%）	6.2
五偏硅酸钠	12.0	$C_{12}\sim C_{15}$ 聚氧乙烯（9）醚	5.0
碳酸钾	3.4	去离子水	补足 100

制法：取一半去离子水于搅拌罐中，加入碳酸钾，制成碳酸钾水溶液；用另一半水溶解 $C_{12}\sim C_{15}$ 聚氧乙烯（9）醚和己基二苯醚二磺酸钠，搅拌至透明；将表面活性剂水溶液缓慢加入到碳酸钠水溶液中，搅拌均匀后加入五偏硅酸钠和氢氧化钾，继续搅拌至体系混匀。

配方 2

特点：较黏稠乳状液体，清洁能力强，抗污垢沉积。

配方：

原料名称	用量/%	原料名称	用量/%
烷基苯磺酸钠（60%）	5.5	无水偏硅酸钠	5.0
$C_{12}\sim C_{15}$ 直链醇聚氧乙烯（7）醚	18.0	焦磷酸钾	20.0
ETD 2691（轻度交联聚丙烯酸）	0.5	香精和染料	适量
氢氧化钾（45%）	2.0	去离子水	补足 100

制法：在 40~50℃搅拌条件下将 ETD 2691 撒入去离子水中，分散均匀；然后加入 $C_{12}\sim C_{15}$ 直链醇聚氧乙烯（7）醚和烷基苯磺酸钠，混匀后加入氢氧化钾和无水偏硅酸钠，再加入焦磷酸钾，混匀后加入香精和染料，搅拌均匀后既得工业用液体洗涤剂。

配方 3

特点：浅黄色透明黏液，不含碱，对衣物无伤害。

配方：

原料名称	用量/%	原料名称	用量/%
壬基酚聚氧乙烯（9）醚	15	柠檬酸钠	7
十六烷基二苯醚二磺酸钠	10	水	补足 100
二丙二醇甲醚	2		

制法：在搅拌罐中先加入水和柠檬酸钠，搅拌溶解后制成柠檬酸钠水溶液，然后再依次加入壬基酚聚氧乙烯（9）醚、十六烷基二苯醚二磺酸钠和二丙二醇甲醚，搅拌均匀即得到产品。

5.3.14　柔软舒适洗衣液

特点：阳离子瓜尔胶与氨基硅氧烷的组合，使洗衣液拥有出众的柔软能力，经其洗涤的织物柔软、抗起球，耐磨性明显增强，且对有色织物效果更加明显。

配方：

原料名称	用量/%	原料名称	用量/%
$C_{14}\sim C_{15}$ 醇乙氧基化物 EO8	8.5	乙氧基化四亚乙基戊胺	1.0
$C_{13}\sim C_{15}$ 直链烷基苯磺酸	12.0	乙氧基化聚乙烯亚胺	1.0
$C_{12}\sim C_{14}$ 烷基胺氧化物	1.5	二亚乙基三胺五亚甲基膦酸钠盐	0.5
$C_{12}\sim C_{14}$ 醇乙氧基化物	0.5	氨基硅氧烷 ADM1100	1.5
柠檬酸	3.5	阳离子瓜尔胶 N-Hance3196	0.1
$C_{12}\sim C_{18}$ 拔顶棕榈仁脂肪酸	8.5	氢氧化钠	调节至 pH 值至 7.8
乙醇	1.5	酶	适量
1,2-丙二醇	5.0	染料	适量
单乙醇胺	1.5	荧光增白剂	适量
异丙基苯磺酸钠	2.0	去离子水	补足 100
氢化蓖麻油	0.3		

制法：将阳离子瓜尔胶分批缓慢撒入 100 倍质量的去离子水中，搅拌10min，加入 0.1mol/L 的 HCl，调节 pH 值为 6.5～7.0，再混合搅拌 15min，制成阳离子瓜尔胶溶液。将氨基硅氧烷和 $C_{14}\sim C_{15}$ 醇乙氧基化物 EO8、$C_{12}\sim C_{14}$ 醇乙氧基化物混合，搅拌 10min，加入乙醇，再搅拌 10min，再加入 $C_{12}\sim C_{14}$ 烷基胺氧化物，再搅拌 10min，迅速加入适量去离子水，并用 HCl 调节 pH 值为 7.5，得到氨基硅油乳液。将阳离子瓜尔胶溶液和氨基硅油乳液混合，搅拌15min，得到柔软组分混合物。向配制罐中加入适量水，先加入配方中剩余的阴离子表面活性剂，搅拌至完全溶解；然后，再加入配方中剩余的非离子表面活性剂和两性表面活性剂，搅拌至溶解完全，接着加入乙二醇和单乙醇胺搅拌均匀，再加入柠檬酸搅匀，然后再加入柔软组分混合物，搅拌至完全溶解；降温至45℃以下，加入荧光增白剂、酶、染料等洗涤助剂，搅拌至完全溶解，用氢氧化钠调节至 pH 值至 7.8，搅拌均匀即可。

用法：按照 100g 液体洗涤剂洗涤 3.2kg 衣物的比例使用。

来源：WO2004/041983。

5.3.15　护色洗衣液

配方 1

特点：能够在提供洗涤功能的同时，显著减少织物颜色损失和织物之间相互串色，保持织物颜色鲜亮。

配方：

原料名称	用量/%	原料名称	用量/%
氢氧化钾	2.9	甘油	1.0
十二酸	2.0	AEO9	2.0
十四酸	3.0	荧光增白剂	0.08
十六酸	7.0	柠檬酸钠	0.1
K12	3.0	Cationic Starch A	1.0
LAB	3.5	去离子水	补足100

制法：向配制罐中加入去离子水；开动搅拌，升温至60℃，在碱性条件下将脂肪酸加热皂化为脂肪酸盐，搅拌至溶解完全；加入阴离子表面活性剂、非离子表面活性剂和两性表面活性剂，搅拌至溶解完全；停止加热，向配制罐中加入余量去离子水，加速降温；温度降至45℃以下，加入阳离子羟丙基淀粉氧化物和其他组分，搅拌溶解完全；调节pH值，搅拌至完全溶解。

用法：按照1g液体洗涤剂加入500g水的比例稀释后使用。

来源：CN104531406A。

配方2

特点：去污力强、护色性强的酸性液体洗涤剂，储存稳定，不会析出。

配方：

原料名称		用量/%		
		例1	例2	例3
阴离子表面活性剂	乙氧基化脂肪醇硫酸盐	5.0	1.0	0.5
	脂肪酸甲酯硫酸盐	—	1.0	1.5
非离子表面活性剂	脂肪醇烷氧基化物	8.0	—	5.0
	烷基多糖苷	—	4.5	—
	脂肪酸烷氧基化物	7.0	—	3.5
	脂肪酸乙氧基化物	—	5.5	1.5
两性表面活性剂	脂肪酰胺甜菜碱	—	0.5	—
	脂肪酰胺丙基甜菜碱	—	0.5	2.5
	1-乙烯基吡咯烷酮-1-乙烯基共聚物	0.5	0.01	0.2
	荧光增白剂	0.09	0.09	0.09
	香精	0.01	0.01	0.01
	防腐剂	0.01	0.01	0.01
	去离子水	补足100	补足100	补足100
	pH值(25℃)	5.3	5.0	6.5

制法：向配制罐中加入水，再加入阴离子表面活性剂，搅拌至完全溶解；然后，再加入非离子表面活性剂和两性表面活性剂，搅拌至溶解完全，接着，加入1-乙烯基吡咯烷酮-1-乙烯基共聚物，搅拌至完全溶解；最后加入荧光增白剂、香精、防腐剂等洗涤助剂，搅拌至完全溶解，并在25℃调节pH至规定值，搅拌均匀即可。

用法：按照1g液体洗涤剂加入500g水的比例稀释后使用。

来源：CN105907490A。

5.4　手部与面部用皮肤洗涤剂

皮肤，特别是面部皮肤必须保持清洁。从皮脂腺分泌的皮脂对皮肤具有保护和润滑作用，但它也能吸附大气中的尘埃，特别是汽油、柴油燃烧产生的微细污染物。除此之外，自然脱落的皮屑与皮脂混合在一起，会影响美观，发出异味，甚至是堵塞毛孔，在特定条件下会形成黑斑、黑点或粉刺等。

手部与面部洗涤剂一般都是功能性或专用性产品。如洗手液除家庭洗手间、厨房通用洗手剂外，还有机工专用、矿工专用、手术消毒专用等。也有营养皮肤、美白、抗老防衰、消除黑斑、粉刺等的面部洗涤剂。

面、手部洗涤剂的原料仍然以皂类、低刺激性表面活性剂为主。因其要求除具有洗涤去污作用外，还要求使用后皮肤光滑舒适、滋润柔软、光洁并富有营养，也就是说要有清洁皮肤和护肤双重作用，因此大部分产品需使用多种添加剂，以得到满意的综合性能。具有洗涤、滋润、保湿、抗菌等功能的天然产物提取物尤其适合加入手部、面部洗涤剂中，如芦荟、苦扁桃油、散沫花、鳄梨油、霍霍巴油、丝蛋白、人参、三七、枸杞、沙棘、金银花、马齿苋、红景天、茶皂素、黄瓜、丝瓜、羊毛脂及其衍生物、卵磷脂、麦饭石等各种动植物性原料，以提高产品档次，增加产品附加值。

原料天然化、产品功能化将是未来一段时间手部与面部洗涤剂的发展方向。

5.4.1　芦荟抗菌洗手液

特点：天然芦荟精华，质地温和，对皮肤不产生刺激性影响，洁净能力较好，可以有效去污，杀灭细菌，配方合理，成本造价低。

配方：

原料名称	用量/份	原料名称	用量/份
芦荟提取物	5	丙二醇	6
月桂醇聚醚硫酸酯钠	10	杀菌剂	0.1
柠檬酸	0.5	维生素	0.02
消毒锯末	6	氯化钠	5
甘油	0.4	去离子水	补足100

制法：将芦荟洗净后经压榨机压取汁液，再将芦荟液过滤后，得到纯汁液，将纯汁液在100～120℃温度下加热2～2.5h后冷却得到芦荟提取物；依次将芦荟提取物、月桂醇聚醚硫酸酯钠、柠檬酸、消毒锯末、甘油、丙二醇、杀菌剂、维生素及去离子水加入专业搅拌机中，缓慢搅拌均匀后，再缓缓加入氯化钠，调节洗手液黏度即可。

来源：CN104306233A。

5.4.2　润肤美白洗手液

特点：通过对中药材的红外加热干燥、冷冻干燥和机械破碎相结合制备得到的纯中药洗手液，具有良好的消毒抗菌效果，能起到润肤美白的功效。

配方：

原料名称	用量/份	原料名称	用量/份
紫燕草	5	陈皮	2
五味子	17	白芨	3
金银花	6	零陵香	12
大青叶	15	蛇床子	6
黄柏	6	甘油	7
甘草	9	表面活性剂	100
防风	12	水	300
白芷	15		

制法：用20℃的清水将所有药材清洗干净；将紫燕草、五味子、金银花、大青叶、黄柏和甘草首先进行机械破碎，破碎后用红外线加热干燥，温度为50℃，时间为3h，干燥后分别将上述的中药材进行研磨，使用60目滤网过滤后分别按计量称取，得到A粉。将防风、白芷、陈皮、白芨、零陵香和蛇床子这些原料分别进行机械破碎，然后进行冷冻干燥，温度为−10℃，时间为4h，干燥后分别将上述中药材进行研磨，滤网过滤后按计量称取，得到B粉。将A粉和B粉混合后加入300份水，浸泡4h，然后用小火将药液的质量浓缩至加水量的1/3，再向药液中加入甘油和表面活性剂，并加热至表面活性剂全部熔化，混匀后得到的药液即洗手液。

来源：CN105055208A。

5.4.3　工业手清洁剂

配方1

特点：适用于机械工人的工业手清洁剂，去除矿物油、油质等污垢的能力强。

配方：

原料名称	用量/份	原料名称	用量/份
透明软皂	130	细沙	200
膨润土	150	碳酸钠	10

制法：将透明软皂用研磨机磨成粉状，然后与膨润土、细沙和碳酸钠混合均匀，即得到工业手清洁剂。

配方 2

特点：清洗手上油/脂类污垢能力较强。

配方：

原料名称	用量/份	原料名称	用量/份
D-苧烯	35	十六烷基二苯醚二磺酸钠	10
壬基酚聚氧乙烯醚	13	椰油酸二乙醇酰胺	4
己基二苯醚二磺酸钠	4	水	30
α-烯基磺酸钠	4		

制法：分别将 D-苧烯、壬基酚聚氧乙烯醚、己基二苯醚二磺酸钠与 α-烯基磺酸钠、十六烷基二苯醚二磺酸钠、椰油酸二乙醇酰胺、水分别搅拌均匀，然后将两相混合，并搅拌均匀，即得到工业手清洁剂。

5.4.4 免洗洗手液

配方 1

特点：去除油类、焦油、脂类和尘土等污垢，含 D-苧烯和矿物油。

配方：

原料名称	用量/%	原料名称	用量/%
Acusol 820(丙烯酸洗涤聚合物,30%)	1.7	矿物油	10.0
Tergitol 15-S-9($C_{12}\sim C_{15}$仲醇聚氧乙烯醚)	3.0	氢氧化钠(50%)	0.2
D-苧烯	12.0	水	补足100

制法：将 Acusol 820 加入水中混合均匀，然后加入 Tergitol 15-S-9 混合至均匀，停止搅拌，反应釜静止，加入 D-苧烯和矿物油。再重新开启搅拌，混合至苧烯和矿物油均匀分散。缓缓加入氢氧化钠，按需调节搅拌速度，保证混合效果。

用法：原液使用。

来源：http：//www.dow.com/。

配方 2

特点：易于除去油、脂类污垢，所含保护性成分对手部皮肤有一定的滋润、保护作用。

配方：

原料名称	用量/%	原料名称	用量/%
乙氧基化羊毛醇	3	甘油	5
甘油基单硬脂酸酯	5	三乙醇胺	2
三级硬脂酸	5	香精	适量
鲸蜡醇	2	HK-88(异噻唑啉酮)	适量
无臭矿物油	25	水	补足100

制法：将甘油、水加热至85℃，在搅拌下加入由乙氧基化羊毛醇、甘油基单硬

脂酸酯、三级硬脂酸、鲸蜡醇和无臭矿物油组成的油相中，混合均匀，冷却至32℃，然后加入三乙醇胺搅拌均匀，再加入香精和HK-88搅拌均匀后得到免洗洗手液。

配方3

特点：去除动植物油脂效果显著，对手有一定的滋润、保护作用，易于清洗。

配方：

原料名称	用量/份	原料名称	用量/份
硬脂酸和/或烷基苯磺酸(100%)	25	三乙醇胺	95
羊毛脂和/或卵磷脂	15	水	95
脱臭煤油	350	松油	3.5

制法：将硬脂酸和/或烷基苯磺酸、羊毛脂和/或卵磷脂溶解在脱臭煤油中，保持70℃，加入三乙醇胺和水，搅拌至室温，加入松油（作为廉价香料或消毒剂）搅拌均匀后即得成品。

5.4.5　青苹果儿童洗手液

特点：有效抑制细菌，安全健康，洗手液中添加的青苹果提取物有淡淡的香味，让人神清气爽，深得儿童的喜爱；泡沫丰富且不油腻，无刺激性，容易冲洗，用后皮肤不干燥，能有效保护儿童稚嫩的皮肤。

配方：

原料名称	用量/%	原料名称	用量/%
青苹果提取物	20	酵乳素	0.8
甘油	6	氯化钠	4
维生素A	4.5	滋润液	25
聚乙烯醇	7	去离子水	补足100
乙酸铵	12		

制法：首先，将青苹果洗净后经过压榨机榨取汁液，再将青苹果汁液过滤后，得到纯汁液。将纯汁液在110～115℃下，加热1.5～2.0h后冷却得到青苹果提取物；依次将青苹果提取物，甘油、维生素A、聚乙烯醇、乙酸铵、酵乳素、滋润液和去离子水加入到专业搅拌机中，缓慢搅拌均匀后，再加入氯化钠调节洗手液稠度至要求，即得到青苹果儿童洗手液。

用途：特别适用于儿童洗手液。

来源：CN104306220A。

5.4.6　抗皱抗衰老卸妆水

特点：深度卸妆、平衡pH值，改善局部微循环，促进细胞新陈代谢，消除色素在组织中的过度沉积。

配方：

原料名称	用量/%	原料名称	用量/%
土茯苓	0.8	氨基酸	3.0
薏苡仁	0.3	十二烷基硫酸钠	1.5
苍术	0.4	酒精	4
苯甲醇	1.5	天然橄榄油	补足100
天然卵磷脂	0.4		

制法：将土茯苓、薏苡仁、苍术、苯甲醇、天然卵磷脂、氨基酸、十二烷基硫酸钠、酒精和天然橄榄油按一定比例混合在一起，加热、搅拌制成乳化体，陈化后制成食用级抗皱、抗衰老卸妆水。

来源：CN105581928A。

5.4.7 温和保湿卸妆水

特点：溶解油脂，清洁各种彩妆，含有保湿、抗敏成分，温和不伤肤，具有高清洁、低刺激的特点。

配方：

原料名称	用量/%		原料名称	用量/%	
	例1	例2		例1	例2
丁二醇	8.0	18.0	甘草酸二钾	0.1	1.0
PEG6辛酸/癸酸甘油酯类	6.0	4.0	羟苯基丙酰胺苯甲酸	0.02	0.05
三甲基甘氨酸（甜菜碱）	1.0	2.0	聚谷氨酸	0.08	0.1
马齿苋	5.0	2.0	1,2-戊二醇	0.05	0.05
生育酚乙酸酯	0.05	0.3	去离子水	补足100	补足100

制法：按质量分数称取去离子水、三甲基甘氨酸（甜菜碱）、马齿苋、甘草酸二钾、聚谷氨酸、1,2-戊二醇于混合釜中搅拌均匀；将PEG6辛酸/癸酸甘油酯类、丁二醇、羟苯基丙酰胺苯甲酸、生育酚乙酸酯混合、搅拌均匀，加入到混合釜中搅拌均匀，得到产品。

来源：CN104490680A。

5.4.8 美白去痘洗面奶

特点：含多种草药成分，有助于对皮肤进行日常保养，防止重金属在皮肤表面聚集，避免长青春痘；添加的羊奶和牛奶成分有助于皮肤的日常美白。

配方：

原料名称	用量/份	原料名称	用量/份
甘油	100	辅助料	40
脂类物质	50	草药混合剂	60
植物提取液	40	牛奶	10
香料	30	羊奶	5

配方中：

脂类物质包含以下质量组分：甲酸乙酯 20 份、乙酸乙酯 30 份。

植物提取液包含：黄瓜提取物、鲜橙提取液、西瓜片提取液、芦荟提取液、仙人掌片提取液、绿萝叶片提取液中的一种或几种的混合物。

草药混合剂包括：甘草、菊花、冰片、薄荷、满山红、牡荆叶、布渣叶、侧柏叶、大青叶、番泻叶、荷叶、赶风柴、芦荟、罗布麻叶、枇杷叶、龙脷叶、桑叶、十大功劳叶、石韦、蓼大青叶、胡颓子叶、淫羊藿、苦丁茶、紫苏叶、紫珠叶、枸骨叶、杜仲叶、葫芦茶、九里香、紫杉、桉叶、番石榴叶、石楠藤其中的两种或者两种以上的任意组合。

香料包括：玫瑰精油、菊花精油、栀子花精油、合欢花精油、龙涎香醇、薰衣草精油其中的一种或多种的组合。

辅助料包括：去离子水、黄原胶、海藻提取液的任意组合物。

来源：CN105919898A。

5.4.9　去角质洗面奶

配方 1

特点：去角质彻底、无残留，温和无刺激，保湿、均衡油脂，不紧绷，兼具美白护肤，收缩毛孔、预防肌肤老化的作用，且能够有效清除肌肤油污。

配方：

原料名称	用量/%	原料名称	用量/%
棕榈酸异丙酯	4.0	椰油酰胺丙基甜菜碱	6.0
复合维生素	6.0	羊毛脂	3.0
癸基葡萄糖苷	2.0	丁二醇	2.0
汉生胶	2.5	丝瓜提取物	7.0
陈皮粉	5.0	活性炭	8.0
益母草粉	3.0	去离子水	补足 100

制法：将去离子水注入搅拌釜中，加热至 60～70℃，加入棕榈酸异丙酯、椰油酰胺丙基甜菜碱、羊毛脂、癸基葡萄糖苷、汉生胶和丁二醇，搅拌至完全溶解且均匀；降温至 40～45℃，依次加入活性炭、陈皮粉、益母草粉，加入每一组分均混合均匀，然后再加入下一组分；最后加入复合维生素和丝瓜提取物搅拌均匀得到产品。

来源：CN106074251A。

配方 2

特点：通过琼脂的凝胶乳化特性，以纯天然且具有温和去角质作用的鲜菠萝汁，具有保湿、抗氧化、抗衰老、杀菌消炎、滋润作用的芦荟汁，人参果汁和杏仁油为原料，能够在洁面的同时温和去除面部肌肤表面的老废角质，保持肌肤水分，提高肌肤抗氧化能力，杀菌消炎、滋润肌肤，令肌肤光滑而有弹性，且不损伤肌肤，无毒副作用。

配方：

原料名称	用量/份			原料名称	用量/份		
	例1	例2	例3		例1	例2	例3
菠萝汁	20	22	18.0	月桂基葡糖苷	—	5	—
人参果汁	1.0	1	3.0	椰油酰基谷氨酸钠	—	—	6.0
芦荟汁	5.0	8	5.0	维生素A	2.4	—	—
琼脂	0.5	0.8	0.8	维生素C	—	2.5	—
杏仁油	3.0	8	10.0	维生素E	—	—	2.5
椰油酰胺丙基甜菜碱	5.0	—	—	水	60.0	50.0	48

制法：定量称取所需组分，将水、琼脂加入第一搅拌锅中，搅拌加热至95℃，完全溶解，备用。将菠萝汁、人参果汁、芦荟汁、杏仁油、月桂基葡糖苷、维生素、椰油酰胺丙基甜菜碱、椰油酰基谷氨酸钠和水加入第二搅拌锅中，搅拌加热至80℃，等溶解完全，将第二搅拌锅中的组分原料加入第一搅拌锅中，不停搅拌至均匀，之后自然冷却即成最终产品。

来源：CN105902420A。

5.4.10　补水保湿洗面奶

配方1

特点：以天然植物为原料，不添加任何的化学物质，温和，对皮肤无刺激性，具有明显的补水保湿、滋养皮肤的功效，能够滋养肌肤，提升肌肤亮泽度，加强肌肤防御能力。

配方：

原料名称	用量/份				原料名称	用量/份			
	例1	例2	例3	例4		例1	例2	例3	例4
茶皂素	20	25	25	30	皂苷	5	6	7	8
甘油	18	15	20	13	芦荟胶	15	18	20	18
烷基多糖苷	10	12	12	15	石栗果油	2	2	2.5	3
玻尿酸	12	10	14	12	水	100	110	100	120

制法：按照以上质量份称取各原料，将原料加入反应器中，在40℃、转速1000r/min条件下搅拌10min，即得到洗面奶。

来源：CN105560123A。

配方2

特点：保湿效果显著，同时对皮肤有一定的滋润作用。

配方：

原料名称	用量/%	原料名称	用量/%
丙烯酸聚合物	0.3	聚乙二醇400	1.6
PEG7甘油醚椰油酸酯	2.5	$C_{16} \sim C_{18}$醇	1.5
蓖麻油酰单乙醇胺-磺基琥珀酸二钠	1.4	$C_{16} \sim C_{18}$醇聚氧乙烯醚-20	1.5
甘油三辛酸盐/癸酸盐/亚油酸盐	2.7	三乙醇胺	0.5
硬脂酸	2.1	香精	适量
辛酸/癸酸/月桂酸三甘油酯	2.0	HK-88（异噻唑啉酮）	适量
乙二醇双硬脂酸酯	1.7	去离子水	补足100

制法：搅拌下将丙烯酸聚合物撒入去离子水中，混合至均匀，加入PEG7甘油醚椰油酸酯、蓖麻油酰单乙醇胺-磺基琥珀酸二钠、甘油三辛酸盐/癸酸盐/亚油酸盐、硬脂酸、辛酸/癸酸/月桂酸三甘油酯、乙二醇双硬脂酸酯、聚乙二醇400、$C_{16} \sim C_{18}$醇和$C_{16} \sim C_{18}$醇聚氧乙烯醚-20，混合均匀，并升温至75℃，然后缓慢加入三乙醇胺，继续搅拌至冷却，然后加入适量香精和防腐剂。

5.4.11　深层洁净洗面奶

配方1

特点：具有收缩毛孔、防止青春痘出现、去角质、杀菌、消炎、滋润肌肤及促进自愈力和新陈代谢的功效。

配方：

原料名称	用量/份	原料名称	用量/份
芦荟	30.0	牡蛎壳	12.0
天竺葵	19.0	白芷	11.0
洋甘菊干花	12	密陀僧	9.0
精盐	1.0	川芎	10.0
椰子	20.0	丝柏精油	6.0
乳木果油	4.0	椰油酰胺丙基甜菜碱	10.0
马油	12.0	非离子表面活性剂	7.0
白附子	12.0	氨基酸起泡剂	12.0
茯苓	13.0		

制法：将芦荟倒入榨汁机中，制得汁液，过滤处理后放入低温蒸发机中蒸发出50%的水分，制得浓稠汁液，备用；将天竺葵与适量的水一起放入蒸馏仪中，进行加热蒸馏处理，制得花水，备用；将洋甘菊干花用开水浸泡3min，然后过滤出洋甘菊花干花，并导入天竺葵提取液中，备用；将椰子去壳，并将果肉和果汁分离，制得椰子油和椰子汁，备用；将椰子肉制成碎屑，并放在水里煮，直至表面分离出油并浮在水面上，然后把油撇出来，制得椰子油，备用；将椰子汁置于65℃的烘炉中蒸发出70%的水分，然后与芦荟和洋甘菊花提取液混合，备用；将白附子、茯苓、牡蛎壳、白芷、密陀僧、川芎和精盐一起倒入到粉碎机中将其粉碎，然后置于105℃的烤箱中进行烘烤处理，获得烘熟的混合粉末，备用；将

椰油酰胺丙基甜菜碱、非离子表面活性剂和氨基酸起泡剂依次倒入椰汁所制的乳液中进行增稠处理，然后加入草药粉末、椰子油、丝柏精油、乳木果油和马油，并倒入高速振荡混合器中充分混合，制得乳膏，放在红外线灭菌装置中处理，得到无菌乳膏，倒入无菌包装中，封上锡纸，并存放入阴凉处。

来源：CN105534809A。

配方2

特点：含植物水解蛋白，能滋养皮肤，锁水保湿效果好。

配方：

原料名称	用量/%	原料名称	用量/%
月桂醇聚醚(2EO)硫酸铵	25.0	烷基磷酸钾	2.0
乙二醇单硬脂酸酯	1.0	金盏草提取物	0.05
EDTA-2Na	0.1	芦荟提取物	0.08
水解小麦蛋白	10.0	防腐剂	适量
水解大豆蛋白	5.0	乳酸(80%)	适量
氧化胺	1.0	氯化钠(25%)	适量
香精	0.2	蒸馏水	补足100

制法：将蒸馏水、月桂醇聚醚（2EO）硫酸铵、乙二醇单硬脂酸酯、EDTA-2Na加热至35℃，全部溶解后，冷却至25℃；加入水解小麦蛋白、水解大豆蛋白、氧化胺、香精、烷基磷酸钾、金盏草提取物、芦荟提取物，混合均匀后再加入防腐剂和乳酸，最后用氯化钠调节黏度，即得到产品。

5.4.12　竹炭洗面奶

配方1

特点：竹炭具有吸附、抗菌、释放远红外线和负离子等功能，对清洁毛孔、软化皮肤、促进脸部血液循环和抑制细菌等有很好的功效，对防治雀斑、青春痘也有很好的疗效。

配方：

原料名称	用量/份	原料名称	用量/份
硬脂酸	6.0	三乙醇胺	3.0
鲸石蜡	3.0	丙二醇	4.0
液体石蜡	8.0	对羟基苯甲酸甲酯	适量
竹炭粉	2.0	香精	适量
甘油	1.0	去离子水	72.8
薄荷	0.2		

制法：将硬脂酸、鲸石蜡和液体石蜡（油相组分），竹炭粉、甘油、薄荷、三乙醇胺、丙二醇和去离子水（水相组分）分别于水浴上加热到70～85℃，使其完全熔融，然后将水相组分徐徐加入油相组分中，同时单方向不断搅拌，直至完全乳化，之

后自然冷却到 40℃以下，再加入对羟基苯甲酸甲酯和香精即得竹炭洗面奶。

来源：CN1723877A。

配方 2

特点：能够疏通毛孔、改善面部油脂，控油效果好，兼具补水保湿的作用，防止因面部干燥引起脱皮。

配方：

原料名称	用量/份	原料名称	用量/份
丙二醇	5.0	竹炭粉	8.0
乳酸	6.0	羊毛脂	7.0
椰子油酸二乙醇酰胺	8.0	甘油	12.0
棕榈酸异丙酯	6.0	溶胶蛋白酶	8.0
椰油酰胺丙基甜菜碱	4.0	维生素 E	6.0
芦荟凝胶	5.0		

制法：将丙二醇、甘油加入到搅拌釜中，加热至 60～65℃，加入椰子油酸二乙醇酰胺、棕榈酸异丙酯、椰油酰胺丙基甜菜碱和羊毛脂，搅拌至混合均匀；然后降温至 40～45℃，加入芦荟凝胶、竹炭粉和乳酸搅拌均匀；再次降温至 30～35℃，加入溶胶蛋白酶和维生素 E，搅拌均匀得到竹炭洗面奶。

来源：CN105362169A。

5.4.13 清爽洗面奶

特点：能迅速经皮肤渗入毛孔，并清除毛孔污垢，皮肤感觉舒适、柔软、尤其是无油腻感。

配方：

原料名称	用量/%	原料名称	用量/%
橄榄油	6.0	甘油	2.0
三乙醇胺	2.0	辣椒提取物	0.1
失水山梨醇单硬脂酸酯	4.0	银耳提取物	30.0
聚山梨醇油酸酯	2.0	去离子水	补足 100
卡波 941	8.0		

制法：将所述量的去离子水、橄榄油、三乙醇胺、失水山梨醇单硬脂酸酯、聚山梨醇油酸酯、辣椒提取物、银耳提取物和卡波 941、甘油进行混合，并用搅拌机于 1200r/min 下高速搅拌 12min，即得到产品。

来源：CN105287313A。

5.5 发用洗涤剂

人们希望发用洗涤剂能同时具有多种功能，不但要求其能去油污、去头屑、不损伤头发、不刺激头皮、不脱脂，而且要求洗后的头发要感觉良好、柔软、光亮、美观、易于梳理，无黏腻或油腻感。同时，部分功能性的发用洗涤剂要求同时拥有护发、护色、头发修复、防脱发、乌发等效果。

近年来，发用洗涤剂的发展有以下几个主要特征：①安全性，人们日益重视洗发香波对眼睛和皮肤的刺激性，以及是否会损伤头发的问题，安全性问题的讨论已从国外儿童香波扩大到成人洗发香波，从硅油提供的飘逸柔软性能到无硅油洗发水的兴起，对安全性的重视从中可窥见一斑；②天然性，许多香波采用天然油脂加工而成，以及选用有疗效的草药或水果、植物的萃取液作为洗发香波添加剂，以迎合消费者偏爱天然原料的心理；③调理性，同时具有洗发护发功能的调理性洗发香波已经成为市场流行品种；④功能性，消费者对头发原本乌黑亮丽色泽的喜爱，对染发后颜色持久性的需求，对头发干枯、分叉和脱发的烦恼，均促进了乌发、护色、修复、防脱功能洗发水的需求，此类功能性洗发水还将有进一步的发展。

优良的发用洗涤剂应符合以下配方设计原则：

① 适宜的清洗力和柔和的脱脂作用。

② 黏度适宜。使产品在灌装、倒出时方便，并在使用时手感好，能附着于头发上。

③ 优良的起泡能力和稳泡性。丰富而持久的泡沫给人以良好的美感。

④ 良好的干、湿梳理性。

⑤ 洗后头发柔软、蓬松、有光泽，并具一定的保湿性。

⑥ 对头皮刺激性低。

⑦ 易于漂洗，耐硬水，常温洗涤性好。

⑧ 使用后不影响烫发和染发。

发用洗涤剂一般由表面活性剂和添加剂组成，常用原料有以下种类。

表面活性剂：常用的阴离子表面活性剂有脂肪醇硫酸盐、脂肪醇聚氧乙烯醚硫酸盐、脂肪酸单甘油酯硫酸盐、琥珀酸酯磺酸盐、脂肪酰谷氨酸钠、烯基磺酸钠、烷基磷酸酯盐等；两性表面活性剂有十二烷基二甲基甜菜碱、咪唑啉型甜菜碱、氧化胺、N-烷基氨基丙酸盐等；非离子表面活性剂有烷醇酰胺、环氧乙烷缩合物、Tween 等；阳离子表面活性剂有长链季铵盐化合物、阳离子纤维素聚合物等。

添加剂：常用添加剂有调理剂，如各种氨基酸、水解胶原蛋白、蛋白肽、卵磷脂、阳离子瓜尔胶聚合物、阳离子迪恩普、阳离子蛋白肽、有机硅表面活性剂、羊毛醇等；遮光剂和珠光剂有高级脂肪酸的醇酰胺、乙二醇单（或双）硬脂酸酯、丙二醇和丙三醇的单硬脂酸或棕榈酸酯、高级脂肪醇、硬脂酸的镁、锌和钙盐，硅酸铝镁等；络合剂有乙二胺四乙酸二钠、柠檬酸、酒石酸等；稳泡剂有烷醇酰胺和氧化胺等；增稠剂有烷醇酰胺、无机盐（氯化钠或氯化铵）、聚乙醇酯、纤维素衍生物、脂肪酸皂和氧化叔胺等；澄清剂有乙醇、丙三醇、丁二醇、己二醇或山梨醇等；酸化剂有柠檬酸、酒石酸、磷酸、硼酸和乳酸等；防腐剂有尼泊金甲酯、甲醛、卡松、苯并异噻唑啉酮等；护发、养发添加剂有维生素类，如维生素 E、维生素 B$_5$ 等，氨基酸类，如丝肽、水解蛋白；草药提取液，如人参、当归、芦荟、何首乌、啤酒花、沙棘、茶皂素等的提取液；去屑止痒剂有吡啶硫酸酮锌、十一碳烯衍生物、甘宝素、六氢苯羟基喹啉、聚乙烯基吡咯烷酮-碘络合物及某些季铵盐等。

5.5.1 婴儿洗发乳

配方 1

特点：质地温和，泡沫丰富，适用于婴儿洗发。

配方：

原料名称	用量/%	原料名称	用量/%
椰油酰胺丙基甜菜碱	25.0	防腐剂	适量
Tween80	2.0	柠檬酸	适量
丙二醇	2.0	香精	适量
聚乙二醇 6000-双硬脂酸酯	0.5	去离子水	补足 100

制法：将椰油酰胺丙基甜菜碱、聚乙二醇 6000-双硬脂酸酯、Tween80、丙二醇和去离子水混合，加热至 74℃并搅拌至固体熔化、均匀后，搅拌下冷却至38℃。用柠檬酸调节 pH 值为 6.5～7.5。按需加入香精、防腐剂，混合至均匀。

配方 2

特点：非常温和的婴儿洗发乳，对头皮、眼睛无刺激，能软化、去除头垢。

配方：

原料名称	用量/%	原料名称	用量/%
椰油酰胺丙基甜菜碱	18.5	D-泛醇	1.0
山梨醇	16.9	羟丙基三甲基氯化铵	0.5
月桂基葡糖苷	15.9	角朊氨基酸	0.4
椰油基葡糖苷	12.5	香精	0.1
月桂酰谷氨酸钠	5.0	防腐剂	适量
丙二醇和 PEG55 丙二醇油酸酯	2.2	去离子水	补足 100

制法：先将去离子水加热至 40℃左右，按上述顺序依次将其余组分加入水中，低速（小于 100r/min）下混合至均匀，冷却至室温，即得到产品。

配方 3

特点：能有效软化、溶解，并一次性清洗婴儿头垢，对婴儿头皮无刺激。

配方：

原料名称	用量/份	原料名称	用量/份
矿物油	100	透明质酸	6
柠檬精油	25	EDTA 三钠	3
肉豆蔻酸钾	10	羟苯甲酯	0.5

制法：将矿物油、柠檬精油加入乳化釜中，开启搅拌，混合均匀，然后加入肉豆蔻酸钾、透明质酸、EDTA 三钠、羟苯甲酯，混匀即得到产品。

用法：使用时取适量洗发乳，涂于婴儿头皮上，轻轻揉搓，3min 后，将婴儿洗发水清洗干净。

来源：CN104825354。

5.5.2 儿童洗发香波

配方1

特点：使用植物基表面活性剂，刺激性小，除脂效果适宜。

配方：

原料名称	用量/%	原料名称	用量/%
油酸基单乙醇胺磺化琥珀酸二钠	4.5	磷酸钠	0.3
十二醇硫酸钠(30%)	9.0	柠檬酸	适量
油酰基二乙醇胺	1.5	染料、防腐剂	适量
聚山梨醇单棕榈酸酯	5.0	蒸馏水	补足100
氯化钠	1.5		

制法：将蒸馏水注入乳化釜中，开启搅拌，加入油酸基单乙醇胺磺化琥珀酸二钠、十二醇硫酸钠、油酰基二乙醇胺、聚山梨醇单棕榈酸酯和磷酸钠，加热至40℃，搅拌混合直至透明，用柠檬酸调整 pH 值至 6.5～7.0，然后冷却至室温。加入氯化钠提高黏度至要求，最后加入染料和防腐剂搅拌混合均匀即得到产品。

配方2

特点：质地温和，不伤头发、头皮，洗后发质柔软。

配方：

原料名称	用量/%	原料名称	用量/%
Miracare BC-27(洗涤浓缩物)	32.5	柠檬酸溶液	调 pH 值为 6.3～6.5
瓜尔胶羟丙基三甲基氯化铵	0.1	异噻唑啉酮类防腐剂	适量
香精	适量	去离子水	补足100

制法：在混合容器中加入水，缓慢搅拌下慢慢撒入瓜尔胶羟丙基三甲基氯化铵，混合至全部溶解且均匀；然后用50%柠檬酸溶液调节 pH 值为 3.5～4.5，一旦体系透明，加入洗涤浓缩物，搅拌至透明；按需加入香精混至均匀，加入防腐剂体系，混至均匀，得到适用于儿童的洗发香波。

5.5.3　去屑止痒洗发乳

特点：从头屑和头痒产生的基本原理出发，有效解决了因天气干燥或干性皮肤引起的肌肤干燥及角质化现象，有效改善因干燥引起的脱屑和干痒等问题，所述的组合物具有协同增效的去屑止痒效果，并改善去屑剂带来的头发干燥的不良效果。

配方：

原料名称	用量/%	原料名称	用量/%
月桂醇聚醚硫酸酯铵	10.0	EDTA-2Na	0.1
月桂醇硫酸酯铵	5.0	聚季铵盐-10	0.3
椰油酰胺丙基甜菜碱	1.5	瓜尔胶羟丙基三甲基氯化铵	0.3
椰油酰单乙醇胺	2.0	氯化钠	适量
乙二醇双硬脂酸酯	1.5	甲基异噻唑啉酮	适量
十三烷醇乳酸酯	0.1	香精	适量
十三烷醇水杨酸酯	1.0	柠檬酸	适量
水杨酸	1.2	柠檬酸钠	适量
吡罗克酮乙醇铵盐	0.8	去离子水	补足100
聚二甲基硅氧烷乳液	2.0		

制法：将去离子水预热至 40～45℃，加入聚季铵盐-10、瓜尔胶羟丙基三甲基氯化铵，搅拌至完全溶解且体系透明均匀，再依次加入椰油酰胺丙基甜菜碱、月桂醇聚醚硫酸酯铵和月桂醇硫酸酯铵，均质至完全溶解，搅拌加热至 74～78℃，加入椰油酰单乙醇胺、乙二醇双硬脂酸酯、十三烷醇乳酸酯和十三烷醇水杨酸酯，并在此温度下均质 2～5min，保温搅拌 10min，降温至 45℃以下，依次加入其他各原料，继续搅拌 15min 至完全均匀，用氯化铵调节黏度至 7000～10000mPa·s（25℃），用柠檬酸和柠檬酸钠调节 pH 值为 5.5～6.5，得到止屑止痒洗发乳。

来源：CN103330650A。

5.5.4　柔顺飘逸洗发乳

配方 1

特点：强力去除矿物油渍，温和，不伤头皮，不伤手，刺激性低，滋养头发，柔顺发质，原料来源丰富，成本低，制备方法简单。

配方：

原料名称	用量/%	原料名称	用量/%
咪唑啉甜菜碱	16.0	硅油衍生物	1.0
POE 烷基多胺	1.0	pH 调整剂	适量
椰油脂肪酸二乙醇酰胺	4.0	香料、色素	适量
硬脂基三甲基氯化铵	4.0	去离子水	75
N-月桂酰-N-甲基-β-丙氨酸钠	1.0		

制法：先在混合釜中加入去离子水，再向其中加入硬脂基三甲基氯化铵、咪唑啉甜菜碱，升温至70℃，搅拌溶解混匀；保温条件下再向其中加入 POE 烷基多胺、椰油脂肪酸二乙醇酰胺、N-月桂酰-N-甲基-β-丙氨酸钠、硅油衍生物、pH 调整剂混匀，搅拌条件下冷却；最后加入香料和色素，混匀；取样测试合格，灌装，得到产品。

配方 2

特点：调理性能突出，头发柔顺感好。

配方：

原料名称	用量/%	原料名称	用量/%
月桂醇聚醚硫酸钠	15.0	双 PEG18 甲基醚二甲基硅烷（一种硅蜡）	0.5
椰油基两性醋酸钠	7.0	高分子量氨基硅油乳液（DC 2-8168）	0.5
月桂酰胺羟磺基甜菜碱	6.0	椰油酰胺 DEA	1.2
瓜尔胶羟丙基三甲基氯化铵	0.1	EDTA-2Na	0.2
聚季铵盐-10	0.25	防腐剂、柠檬酸、氯化钠、香精、色素	适量
蓖麻醇酸酰胺丙基三甲基氯化铵	1.0	去离子水	补足 100

制法：将适量水加入到反应罐中，在缓慢搅拌下加入瓜尔胶羟丙基三甲基氯化铵和聚季铵盐-10 进行分散，同时加热混合物料到 60～80℃，接着加入 pH 调节剂柠檬酸、月桂醇聚醚硫酸钠、椰油基两性醋酸钠、月桂酰胺羟磺基甜菜碱、椰油酰胺 DEA、EDTA-2Na，使这些物质完全分散后降温。待降温至 50℃ 以下，加蓖麻醇酸酰胺丙基三甲基氯化铵、硅蜡和氨基硅油乳液，再加防腐剂、色素、香精等继续搅拌分散，确保得到均匀的混合物。再加入所有组分后，可根据需要加入黏度调节剂和 pH 调节剂，调节产品的黏度和 pH 到合适的范围，最后补足水量。

来源：CN101475877B。

5.5.5 护色洗发乳

配方 1

特点：含温和表面活性剂，具有良好的护色效果。

配方：

原料名称	用量/%	原料名称	用量/%
聚乙二醇 6000-双硬脂酸酯	0.5	香精	适量
月桂醇聚醚硫酸钠	20.0	氢氧化钠	适量
椰油两性醋酸钠	20.0	柠檬酸	适量
椰油酰胺丙基羟磺基甜菜碱	6.0	氯化钠	适量
防腐剂	适量	去离子水	补足 100
染料	适量		

制法：将去离子水和聚乙二醇 6000-双硬脂酸酯加入一合适的容器，搅拌下

加热到71℃，当其溶解时，加入月桂醇聚醚硫酸钠、椰油两性醋酸钠和椰油酰胺丙基羟磺基甜菜碱，混合均匀，搅拌降温至32℃，加入防腐剂、染料、香精，继续混匀；用柠檬酸或氢氧化钠调节pH值为6.0～7.0，用氯化钠调节黏度为600～900mPa·s。

用途：适用于染发。

配方2

特点：含合成高分子树脂，洗护性能兼具，护色功能突出。

配方：

原料名称	用量/%	原料名称	用量/%
月桂醇聚醚硫酸钠	30.0	氢氧化钠(10%)	2.75
月桂基葡糖苷	2.0	防腐剂	适量
椰油酰胺丙基甜菜碱	8.0	香精	适量
聚硅氧烷-18-十六烷基磷酸酯	1.0	染料	适量
椰油酰胺丙基胺氧化物	2.5	去离子水	补足100
卡波树脂	8.0		

制法：在混合釜中加入去离子水，加入卡波树脂。将月桂醇聚醚硫酸钠和聚硅氧烷-18-十六烷基磷酸酯预混，混合均匀后加入到混合釜中。缓缓搅拌下一次性加入其余组分，用10%氢氧化钠溶液中和至pH值为6.3～6.5。继续搅拌直至产品均一，灌装。

用途：适用于染发。

5.5.6 防脱发洗发乳

配方1

特点：能够满足防脱发的需求，有防脱、修复毛鳞片及倍护毛囊发根、促进毛发生长的作用。

配方：

原料名称	用量/%	原料名称	用量/%
十二烷基醚硫酸铵(70%)	12.0	阳离子羟丙基瓜尔胶(C14S)	0.2
十二烷基硫酸铵(70%)	9.0	中药浸膏(川芎、当归、首乌、侧柏叶)	1.0
椰油酰胺丙基甜菜碱	4.0	复合维生素B	0.65
乳化硅油(DC-7137)	2.5	芦荟粉	0.2
椰子油单乙醇酰胺	2.0	尿囊素	0.2
珠光片(EGDS-45)	1.5	卡松	0.1
稳定悬浮剂(TAB-2)	1.0	柠檬酸	适量
香精	0.5	氯化钠	适量
椰油酸甘油酯	0.5	去离子水	补足100
阳离子纤维素(JR 400)	0.3		

制法：将去离子水、十二烷基醚硫酸铵、十二烷基硫酸铵加入混合釜中，搅

拌下加热至85～88℃，保温溶解，混合均匀；然后加入尿囊素、椰子油单乙醇酰胺、珠光片、柠檬酸混匀；降温至55℃，加入阳离子纤维素、阳离子羟丙基瓜尔胶、椰油酰胺丙基甜菜碱、乳化硅油和椰油酸甘油酯混匀；降温至48℃加入复合维生素B、中药浸膏和芦荟粉搅拌均匀；再次降温至45℃，依次加入香精、卡松混匀，再用氯化钠调节黏度、柠檬酸调节pH值；取样分析确认合格后，灌装得到产品。

用途：适合于脱发人群使用。

配方2

特点：防脱发、止痒效果好，亲肤能力好，渗透力比较强，是温和的清洁用品，能较好地清洁头发和头皮。

配方：

原料名称	用量/%	原料名称	用量/%
生姜提取物	40.0	柠檬酸	0.1
苦参提取物	3.2	柠檬酸钠	0.25
侧柏叶提取物	5.0	双吡啶硫酮	0.35
月桂醇聚醚硫酸钠	21.0	聚二甲基硅氧烷醇	1.2
椰油酰胺	2.0	维生素B$_6$	1.5
乙二醇二硬脂酸酯	0.8	卡波姆	0.2
鲸蜡硬脂醇	0.6	泛醇	0.5
椰油酰胺丙基甜菜碱	4.5	甲基异噻唑啉酮	0.1
瓜尔胶羟丙基三甲基氯化铵	0.5	香精	0.5
聚季铵盐-10	0.2	氯化钠	适量
透明质酸钠	0.05	去离子水	补足100

制法：将去离子水加入到乳化釜中，在缓慢搅拌下加入瓜尔胶羟丙基三甲基氯化铵和聚季铵盐-10进行分散，同时加热混合物料到60～80℃，然后加入月桂醇聚醚硫酸钠、椰油酰胺、乙二醇二硬脂酸酯、鲸蜡硬脂醇、椰油酰胺丙基甜菜碱混匀，待温度降至50℃以下时加入透明质酸钠、聚二甲基硅氧烷醇和卡波姆进行混匀，降温至40℃以下加入维生素B$_6$、泛醇、双吡啶硫酮、生姜提取物、苦参提取物、侧柏叶提取物搅拌均匀，最后加入甲基异噻唑啉酮、香精混合均匀，用柠檬酸、柠檬酸钠调整pH值，氯化钠调整黏度，得到产品。

5.5.7 温和清爽洗发香波

特点：与人体pH值接近，对皮肤无刺激性，使用后明显感到舒适、清爽，无油腻感，具有明显的杀菌止痒、清洁保健的效果。

配方：

原料名称	用量/份	原料名称	用量/份
月桂醇聚醚硫酸钠	8	香精	适量
椰油二乙醇酰胺	6	色素	适量
十二烷基二甲基胺乙内酯	4.5	防腐剂	适量
柠檬酸	0.5	去离子水	80
六神提取液	0.05		

制法：将去离子水加热至沸腾，投入月桂醇聚醚硫酸钠，混合搅拌均匀；待物料降温至80℃，加入椰油二乙醇酰胺、十二烷基二甲基胺乙内酯，搅拌均匀；降温至60℃加入柠檬酸、六神提取液、香精、色素、防腐剂，继续搅拌使其充分溶解，即得产品。

来源：CN105769687A。

5.5.8 干性头发用洗发香波

特点：适合于干性发质清洗，减少断发与脱发概率，使用效果明显。

配方：

原料名称	用量/份	原料名称	用量/份
琥珀酸酯1303	4.0	乙二胺四乙酸	4.0
羊毛脂	4.0	布罗波尔	3.0
聚乙二醇硬脂酸酯	5.0	丁基羟基茴香醚	3.0
氧化胺	3.0	香精	0.3
氯化钠	4.0	色素	0.3
椰油酸单乙醇酰胺	6.0	去离子水	60.0
凡士林	7.0		

制法：取琥珀酸酯1303、羊毛脂、丁基羟基茴香醚、聚乙二醇硬脂酸酯及一半重量的去离子水进行混合，混匀后得到第一混合液；将氧化胺、氯化钠、椰油酸单乙醇酰胺、乙二胺四乙酸、布罗波尔及另一半重量的去离子水混合，搅拌均匀得到其二混合液；将第一、第二混合液以及凡士林、香精、色素混合并搅拌均匀，灭菌及定量包装得到用于干性头发的洗发香波成品。

用法：先将洗发者的头发在20～30℃的温水中清洗，充分润湿后，取洗发乳20g左右，均匀涂敷于头发上，并保持5～10min，然后用20～30℃的温水清洗，直至手感上无残留洗发乳，用吹风机吹干即可。

来源：CN104224576A。

5.5.9 乌发洗发水

特点：含多种中药提取物，拥有乌发功能的同时产品更加安全、可靠。

配方：

原料名称	用量/%	原料名称	用量/%
中药提取物	30.0	乙二醇硬脂酸酯	1.5
月桂基葡糖苷	5.0	卡松	0.5
椰子油醇酰胺	6.0	EDTA-2Na	0.5
十二烷基二甲基甜菜碱	5.0	香精	1.5
阳离子纤维素 JR-400	2.0	纯净水	48.0

制法：取草药侧柏叶10份、丹参20份、制首乌10份、川芎30份、紫草30份和旱莲草10份，加入20倍重量的纯净水，水蒸气加热回流提取2.5h，过滤后残渣再次加入20倍量的水提取1h；合并两次滤液，过滤浓缩滤液至60℃时的相对密度为1.2；加入75％乙醇沉淀，加入量为沉淀的10倍，收集上清液，过滤后回收乙醇，得到中药提取物浸膏。在配制罐中加入去离子水，然后在搅拌下依次加入中药提取物浸膏、月桂基葡糖苷、椰子油醇酰胺、十二烷基二甲基甜菜碱、JR-400、乙二醇硬脂酸酯、卡松、EDTA-2Na 和香精到加入纯净水的配制罐中，搅拌混合均匀，过滤，分装。

来源：CN106137852A。

5.5.10　无硅透明洗发水

特点：不含硅氧烷和二乙醇酰胺，提供清洁和良好的调理功能。

配方：

原料名称	用量/%	原料名称	用量/%
C_{14}～C_{16}烯基磺酸钠	25.0	柠檬酸	适量
椰油酰胺丙基甜菜碱	5.0	香精、染料、防腐剂	适量
椰油酰单异丙醇酰胺	2.5	氯化钠	适量
丙三醇	适量	去离子水	补足100

制法：搅拌下，向装有去离子水的混合釜中加入 C_{14}～C_{16}烯基磺酸钠、椰油酰胺丙基甜菜碱、椰油酰单异丙醇酰胺和丙三醇，混合至均匀；用柠檬酸调节pH 值为6.0～7.0，按需加入香精、染料和防腐剂，按需用氯化钠调节黏度，再用柠檬酸调节 pH 值，静置待泡沫完全消失后灌装，即得到产品。

5.5.11　高效柔顺护发素

配方1

特点：具有良好的护发功能，能在头发表面形成一层保护膜，使头发更加柔顺、有光泽，易于梳理。

配方：

原料名称	用量/份	原料名称	用量/份
C$_{16}$~C$_{18}$脂肪醇	2.0	十八烷基三甲基氯化铵	4.0
乙酰化羊毛脂	3.0	水溶性硅油	1.0
三压硬脂酸	3.0	三乙醇胺	0.6
聚乙二醇(400)硬脂酸酯	3.0	香精、抗氧剂、防腐剂	适量
单甘酯	3.0	去离子水	80.4

制法：将十八烷基三甲基氯化铵、水溶性硅油、三乙醇胺加入到去离子水中，加热至75℃，搅拌溶解，混合至透明；然后依次加入C$_{16}$~C$_{18}$脂肪醇、乙酰化羊毛脂、三压硬脂酸、聚乙二醇（400）硬脂酸酯和单甘酯，继续搅拌，混匀后降温至45℃，加入香精、抗氧剂和防腐剂，混匀后分析、灌装。

配方2

特点：具有很好的塑形效果，能使直发更直、卷发更卷，同时可使头发柔顺亮泽，效果可维持6~7次冲水。

配方：

原料名称	用量/%	原料名称	用量/%
十八烷基三甲基氯化铵	2	尼泊金甲酯	0.2
C$_{16}$~C$_{18}$脂肪醇	6	尼泊金丙酯	0.2
聚乙烯基吡咯烷酮	3	丝氨酸	0.5
羟乙基纤维素	1	香精	0.3
二甲基硅氧烷	3	去离子水	补足100
氨端基聚二甲基硅氧烷	2		

制法：将去离子水加热到75~85℃，加入羟乙基纤维素，搅拌分散均匀，得到水相；将十八烷基三甲基氯化铵、C$_{16}$~C$_{18}$脂肪醇、聚乙烯基吡咯烷酮、尼泊金甲酯和尼泊金丙酯混合后加热至75~85℃，得到油相；将油相缓慢加入水相中，保温搅拌10~20min至均匀，经冷却至45℃以下后加入二甲基硅氧烷和氨端基聚二甲基硅氧烷，然后加入丝氨酸、香精，搅拌均匀，用丝氨酸调节pH值至5.5，搅拌15min，得到护发素。

来源：CN105411876。

5.5.12　修复性护发素

特点：快速高效修复受损头发，并营养头发。

配方：

原料名称	用量/kg	原料名称	用量/kg
植物提取物	5.0	聚二甲基硅氧烷	5.0
角蛋白	0.1	山嵛基三甲基氯化铵	10.0
鲸蜡硬脂醇	1.7	香精	1.0
鲸蜡硬脂醇聚醚-25	1.8	甲基异噻唑啉酮	0.3
硬脂基三甲基氯化铵	5.0	去离子水	70.1

制法：将计量好的鲸蜡硬脂醇、鲸蜡硬脂醇聚醚-25、硬脂基三甲基氯化铵、聚二甲基硅氧烷和山嵛基三甲基氯化铵和去离子水 60.1kg 置于容器中，在搅拌下常压加热至 60℃，待各组分均溶解后维持此温度继续搅拌 20min 得到混合液，停止加热，继续搅拌待混合液冷却至 40℃，再向混合液中加入药用植物提取物、角蛋白、香精、防腐剂和剩余量的水并搅拌均匀，冷却至室温即得到产品。

来源：CN104095792A。

5.5.13　首乌人参提取液护发素

特点：可使毛发顺直滑爽、去屑，能够使毛发恢复原色，从根部进行修复，使用后能渗入头皮，给毛囊提供营养，恢复毛囊机能，使发色逆转，同时具有生发功能。

配方：

原料名称	用量/份	原料名称	用量/份
首乌	3.0	珠光粉	0.05
人参	4.0	天蚕素	0.03
月桂基两性甘氨酸钠	20.0	椰子油二乙醇酰胺	0.5
羟乙基纤维素醚季铵盐	15.0	柠檬酸	1.0
十二烷基甜菜碱	6.0	坚果油	1.0
咪唑啉甜菜碱	12.0	橄榄油	1.0
十八烷基酰胺丙基二甲基磺丙基甜菜碱	16.0	凡士林	2.0
羟乙基纤维素	2.0	马油	1.3
羊毛脂	0.3	去离子水	100

制法：将月桂基两性甘氨酸钠、羟乙基纤维素醚季铵盐、十二烷基甜菜碱、咪唑啉甜菜碱和十八烷基酰胺丙基二甲基磺丙基甜菜碱溶于少量去离子水中，再加入首乌粉和人参粉末，搅拌，得到悬浊液；然后，再向其中加入羊毛脂、珠光粉、天蚕素后加热至 80℃，同时搅拌均匀；再加入剩余的组分和去离子水后降温，待消泡降温后分装，得到所述的护发素。

来源：CN105250186A。

5.6　浴用洗涤剂

皮肤上的污垢种类很多，有的是表皮剥离下来的角质细胞；还有的是从皮肤表面分泌的皮脂及腐败物质；也有的是汗水或蒸发汗水以后的残渣以及皮肤表面上的异物等。这些混合物时间一久就会产生不愉快的臭味，妨碍皮肤的新陈代谢，并且会造成病原菌繁殖。为了除掉这些污垢，保持皮肤的清洁，需要用浴用洗涤剂进行清洁。浴用洗涤剂又称沐浴露或沐浴液，是一种方便、卫生的肥皂代用品，具有柔和性、可漂洗性及发泡性，同时还有良好的肤感和香气。沐浴液配方主要考虑高起泡性、一定的清洁能力和对皮肤的低刺激。与洗发香波相比，其刺激性要求较低，不考虑柔顺性，但清洁力要求要高。

浴用洗涤剂的主要去污成分是表面活性剂，此外还有泡沫稳定剂、香精、增稠剂、螯合剂、护肤剂及色料等。

浴用洗涤剂的活性成分以阴离子型和非离子型表面活性剂为主，高端产品中加入温和的两性表面活性剂。浴用洗涤剂中要使用对皮肤温和、刺激性小的表面活性剂。与发用洗涤剂的表面活性剂相似，烷基硫酸钠和烷基聚氧乙烯醚硫酸钠是常用的起泡物质，清洁性好，刺激性不大。脂肪醇醚琥珀酸酯磺酸盐刺激性低，起泡性好。作为辅助表面活性剂，甜菜碱和咪唑啉型表面活性剂在降低阴离子表面活性剂刺激性、产品调理方面有一定功效。其他常用表面活性剂还包括羟乙基磺酸钠、N-酰基牛磺酸盐、酰基谷氨酸盐及烷基磷酸酯盐，以及一些新兴的表面活性剂，如烷基糖苷 AGP 等。

烷醇酰胺与氧化胺是性能良好的泡沫稳定剂，它们还有降低阴离子表面活性剂刺激性的功能，常用的有椰油酸二乙醇胺和月桂基氧化胺。

一般的添加剂有 pH 调节剂、增稠剂、珠光剂、着色剂与稳定剂。

功能添加剂是指提高浴用洗涤剂的功效，使其具有一定的治疗、营养、抗衰、杀菌作用的助剂，如芦荟、柠檬、蜂花、三七、人参、海藻等的提取物，以及牛奶、蜂蜜等等。

5.6.1　温和舒适婴儿沐浴液

特点：使用温和的表面活性剂，对敏感性皮肤有安全清洗的作用，有调节皮脂的作用。

配方：

原料名称	用量/%	原料名称	用量/%
月桂醇聚醚硫酸钠(28%)	18.0	十二烷基葡糖苷和椰油酰胺丙基甜菜碱(L55)	12.5
二癸醇聚氧乙烯醚硫酸钠	15.0		
PEG18 油酸/椰油酸甘油酯	1.8	NaCl(25%溶液)	适量
柠檬酸	调节至 pH 值为 6.5	EDTA-4Na	0.1
防腐剂、染料、香精	适量	去离子水	52.6

制法：在混合釜中加入去离子水，加热至 40～50℃，加入 EDTA-4Na，待其完全溶解后依次加入月桂醇聚醚硫酸钠、二癸醇聚氧乙烯醚硫酸钠、PEG18油酸/椰油酸甘油酯、十二烷基葡糖苷和椰油酰胺丙基甜菜碱，待体系搅拌均匀后，加入适量的防腐剂、染料和香精，再次搅拌均匀后用柠檬酸（25%）调 pH值为 6.5，用 NaCl（25%）调节至适当黏度，得到沐浴液。

5.6.2 美白沐浴露

特点：具有美白、抗衰老的成分和功效，且所含中药复方的不良反应少，对皮肤安全性高。

配方：

原料名称	用量/%	原料名称	用量/%
中药复方"十源白方"提取物	1～10	氯化钠	0.5～1.5
月桂醇聚醚硫酸酯钠盐(30%)	20～35	柠檬酸	适量
椰油酰基肌氨酸钠(30%)	10～20	香精	适量
椰油酰胺丙基甜菜碱(30%)	5～10	防腐剂	适量
椰油基二乙醇酰胺	2～5	去离子水	补足100

中药复方"十源白方"提取物的制备工艺如图5-2所示。

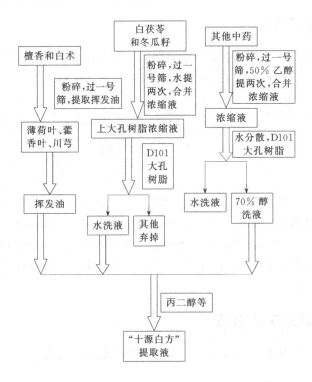

图5-2 "十源白方"提取液提取工艺

来源：CN101849899 A。

5.6.3 抗菌沐浴液

特点：拥有良好的人体洗涤效果的同时具有有效的抗菌性。

配方:

原料名称	用量/份	原料名称	用量/份
椰油酰胺丙基甜菜碱	6～10	二乙醇胺	0.2～1.0
失水山梨醇月桂酸酯 PEG80	6～10	甘油	0.5～1.5
聚季铵盐-7	6～10	玉洁新	0.01～0.03
十二烷基硫酸钠	8～10	苯并异噻唑啉酮	0.01～0.03
聚乙烯醇	1～2	去离子水	50～75

制法:在混合釜中加入去离子水,加热至 70～80℃,均匀撒入聚乙烯醇,搅拌至完全溶解;然后,加入椰油酰胺丙基甜菜碱、失水山梨醇月桂酸酯 PEG80、十二烷基硫酸钠,保温搅拌至体系均匀;接着,加入聚季铵盐-7、二乙醇胺和甘油,再次搅拌均匀;最后,降温至 40～45℃,加入玉洁新和苯并异噻唑啉酮,混匀后得到抗菌沐浴液。

来源:CN102309422A。

5.6.4 泡沫浴盐

特点:本产品与人体皮肤的 pH 值接近,对皮肤无刺激,使用后感到舒适、清爽、无油腻感,对皮肤有明显的清洁、保湿、滋润和润滑的效果。

配方:

原料名称	用量/份	原料名称	用量/份
橄榄油	18.0	六偏磷酸钠	10.0
硫酸钠	10.0	月桂醇硫酸钠	5.0
碳酸氢钠	20.0	矿物凝胶	5.0
碳酸钠	15.0	香精、色素	适量
酒石酸	20.0		

制法:将硫酸钠、碳酸氢钠、碳酸钠、六偏磷酸钠和酒石酸、月桂醇硫酸钠充分混合均匀;将香精、色素和矿物凝胶加入橄榄油中,充分搅拌至其完全溶解;再将所得的两种混合物混合搅拌,过筛形成颗粒,干燥即得到分装浴盐。

来源:CN105106037A。

5.6.5 敏感皮肤沐浴液

特点:对皮肤温和,安全性高,适用于敏感肌肤的清洁。

配方:

原料名称	用量/%	原料名称	用量/%
月桂醇聚醚硫酸钠	13.0	聚季铵盐-7	2.0
椰油酰胺丙基甜菜碱	3.8	蜂蜜提取物保湿剂(LS-4420)	1.0
椰油基葡糖苷	3.0	ARLYPON TT	0.5
椰油基葡糖苷/油酸单甘油酯	5.0	氯化钠	0.1
香精	0.15	去离子水	70.9
苯甲酸钠	0.55		

制法：将去离子水加入乳化釜中，搅拌下投入月桂醇聚醚硫酸钠、椰油酰胺丙基甜菜碱、椰油基葡糖苷、椰油基葡糖苷/油酸单甘油酯，边搅拌边加热至50～60℃，直至物料完全溶解且混合均匀；然后，降温至40℃以下加入蜂蜜提取物保湿剂，混匀；再加入聚季铵盐-7混匀；接着，在搅拌下加入防腐剂苯甲酸钠，用增稠剂ARLYPON TT和氯化钠调节沐浴液黏度，香精调整沐浴液气味；待所有物料混匀；静置，待气泡消除后，取样分析，确认合格后灌装，得到敏感皮肤沐浴液。

5.6.6 油性皮肤沐浴液

特点：平衡油脂分泌，淡化细纹、柔嫩身体肌肤；促进细胞再生，能松弛神经、缓解压力，抗沮丧，舒缓愤怒、恐慌、焦虑、紧张等负面情绪。

配方：

原料名称	用量/%	原料名称	用量/%
椰油酰胺丙基甜菜碱	8.0	乳香精油	0.2
硬脂酸	6.0	荷花提取液	0.2
棕榈酸	4.0	万寿菊精油	0.1
甘油	4.0	半胱氨酸	0.2
辛基/癸基葡糖苷	0.2	薰衣草精油	0.2
黄瓜提取液	0.1	透明质酸	0.5
山梨醇	1.0	去离子水	补足100
色氨酸	1.0		

制法：将椰油酰胺丙基甜菜碱、硬脂酸、棕榈酸、甘油、辛基/癸基葡糖苷、山梨醇加入乳化釜中，缓慢搅拌下加热至80℃，快速搅拌混合均匀，然后，徐徐加入不低于80℃的去离子水，高速搅拌乳化；待物料乳化均一后，搅拌降温至40℃以下，加入乳香精油、万寿菊精油、薰衣草精油搅拌均匀，再加入透明质酸、黄瓜提取液、荷花提取液以及色氨酸和半胱氨酸，搅拌均匀，得到产品。

5.6.7 恢复体力沐浴液

特点：缓解疲劳，洗后倍感精力充分。

配方：

原料名称	用量/%	原料名称	用量/%
椰油酰羟乙基磺酸钠	2.0	淀粉改性羟丙基三甲基氯化铵	1.33
椰油酰单异丙醇胺	2.0	甲基异噻唑啉酮(KH-88)	0.025
月桂醇聚醚硫酸钠	20.0	柠檬香精	0.2
月桂醇硫酸钠	10.0	绿色染料	0.02
椰油酰胺丙基甜菜碱	5.0	氯化钠	0.2
EDTA-2Na	0.1	柠檬酸	调节pH值为6
芦荟提取物	0.2	去离子水	补足100

制法：加去离子水于混合器中，搅拌下加入椰油酰羟乙基磺酸钠和椰油酰单异丙醇胺，加热至 70～75℃；保温加入月桂醇聚醚硫酸钠、月桂醇硫酸钠和椰油酰胺丙基甜菜碱，每加入一种物料混合均匀后再加入下一种物料。降温，在低于 40℃ 时，按顺序加入 EDTA-2Na、芦荟提取物、淀粉改性羟丙基三甲基氯化铵，再次搅拌均匀后加入甲基异噻唑啉酮、柠檬香精、绿色染料，并用柠檬酸调节体系 pH 值为 6，用氯化钠调节至适当黏度，得到相应产品。

5.6.8　清凉止痒沐浴液

特点：具备一定的清洁力和滋润度，能够杀菌止痒，带给人们清凉舒爽的感觉。

配方：

原料名称	用量/份	原料名称	用量/份
十二烷基硫酸钠	8～15	椰油酸二乙醇胺	4～7
脂肪醇聚氧乙烯醚硫酸钠	4～6	甘油	0.1～0.5
聚乙烯醇	1～2	中药提取物	2.5～3.5
乙醇胺	0.1～0.5	去离子水	50～60

中药提取物制备方法：中药成分包括白芨提取物 3 份、蛇床子提取物 4 份、丁香叶提取物 2 份。薄荷提取物 1 份、百部提取物 0.5 份和冰片提取物 2 份，所述的中药成分提取物的制备方法为：将按照质量份配比的中药原材料分别进行烘干、粉碎后，使用 50% 的乙醇浸提，抽滤、减压蒸馏得到浓缩物，经树脂柱吸附后，用 70% 乙醇洗脱，减压蒸馏后冷冻干燥得到中药提取物粉末。

制法：将去离子水加入到乳化釜中，搅拌下均匀撒入聚乙烯醇，然后加热至 85℃ 以上，缓慢搅拌直至聚乙烯醇完全溶解；降温至 60℃，加入十二烷基硫酸钠、脂肪醇聚氧乙烯醚硫酸钠、乙醇胺、甘油和椰油酸二乙醇胺搅匀；最后，降温至 40℃，加入中药提取物，搅拌均匀即得到产品。

5.6.9　温泉沐浴露

特点：稀释于水中，能使温水产生温泉效应，使毛细血管扩张，促进血液循环，促进细胞新陈代谢正常化。

配方：

原料名称	用量/%	原料名称	用量/%
鲜牛乳	70.0	蔗糖脂肪酸酯	8.0
碳酸氢钠	20.0	皂用薄荷香精	2.0

制法：在约12℃状态下，将碳酸氢钠、蔗糖脂肪酸酯、皂用薄荷香精加入鲜牛乳中，搅拌至均匀，然后真空包装。

用途：将温水制成温泉水。

用法：将沐浴露按1:500比例滴入40℃的水中，碳酸氢钠迅速溶解，使温水变成温泉。

来源：CN101439011A。

5.6.10　柑橘凝胶沐浴液

特点：使用后感到舒适、清爽、无油腻感，对皮肤具有明显的清洁护肤、保湿美白的效果。

配方：

原料名称	用量/%	原料名称	用量/%
柑橘提取物	13.0	杏仁油	0.5
月桂醇聚醚硫酸钠(AES)	15.0	聚季铵盐-10	0.3
椰油酰胺丙基甜菜碱	8.0	香精、防腐剂、色素、柠檬酸	适量
水溶性羊毛脂	2.0	去离子水	补足100
甘油	4.0		

制法：将去离子水加热至70~75℃，将AES、椰油酰胺丙基甜菜碱、聚季铵盐-10溶于热水中，缓缓加入，边加边搅拌；待物料完全熔融后，加入柑橘提取物、甘油、杏仁油和水溶性羊毛脂，待其完全溶解；将温度冷却至45℃，加入香精、防腐剂、色素，最后加入柠檬酸调节酸碱度，搅拌均匀，静置至室温即得到产品。

来源：CN105106056A。

5.6.11　防蚊虫叮咬沐浴液

特点：具有适当的清洁能力，植物来源提取液，有效防止蚊虫叮咬，不易过敏。

配方：

原料名称	用量/%	原料名称	用量/%
月桂醇聚醚硫酸钠(70%)(AES)	16.0	乙醇(75%)	30.0
尼诺尔(70%)	12.0	薄荷提取液	0.2
十二烷基甜菜碱	6.0	10%黄芩提取液	10.0
硬脂酸乙二醇酯	5.0	香精	适量
羧甲基纤维素(CMC)	1.0	去离子水	补足100

制法：将CMC撒入去离子水中，搅拌，使其充分溶解，制成5%的CMC溶液；再加入AES，将水浴加热至60℃，搅拌溶解；将尼诺尔及适量的去离子

水投入另一混合釜中，加热至 60～70℃，搅拌溶解，然后加入硬脂酸乙二醇酯，继续搅拌，充分溶解，搅拌下冷却至室温；然后，将十二烷基甜菜碱、尼诺尔依次加入 CMC 溶液中充分搅拌混匀，冷却至室温，加入乙醇和黄芩提取液充分搅拌；将薄荷提取液溶于适量的去离子水中，加热至 50℃搅拌，冷却至 45℃，加入香精，搅拌均匀，将其加入沐浴液物料中，搅拌 0.5h，静置 1h，过滤；用柠檬酸调节 pH 值，得到成品。

5.7 口腔洗涤剂

口腔洗涤剂是人们生活的必需品，用于牙齿的清洁、保养及口腔异味的去除。口腔清洁剂的种类有牙膏、牙粉、漱口水等，其中牙膏是口腔洗涤剂中用量最大，也最重要的一种。

牙膏常由摩擦剂、发泡剂、甜味剂、胶黏剂、保湿剂、香精、防腐剂等原料按配方工艺制得。

摩擦剂：摩擦剂是牙膏的主要原料，一般占 40％～50％。作用是协助牙刷去除污屑和黏附物，以防止形成牙垢。常用的摩擦剂有碳酸钙、二水合磷酸氢钙、无水磷酸氢钙、焦磷酸钙、无水二氧化硅、氢氧化铝、热塑性树脂、三水合氧化铝、方解石粉、淡斜绿泥石等。

发泡剂：发泡剂为表面活性剂，其作用是增加泡沫力和去污作用，同时使牙膏在口中迅速扩散，并使香气易于透发，一般用量为 2％～3％。常用的牙膏发泡剂有十二烷基硫酸钠、N-月桂酰肌氨酸钠、甲基可可脂牛磺酸钠、酰基谷氨酸钠等。

甜味剂：甜味剂可使膏体具有甜味，以掩盖其不良气味。如牙膏中加入的香精多是苦味，摩擦剂是粉尘味。常用甜味剂有蔗糖、糖精、甜蜜素、木糖醇、缩二氨酸钠、纽甜等，用量多为 0.05％～0.25％。

胶黏剂：胶黏剂的目的是把膏体中各组分胶合在一起，使膏体达到适宜的黏度，防止存放期分离出水。用量一般为 1％～2％。常用的胶黏剂有海藻酸钠、羧甲基纤维素、羟乙基纤维素、黄树胶粉、羟丙基瓜尔胶等。

保湿剂：保湿剂在牙膏中的作用是防止膏体中的水分逸出，并有从空气中吸附水分的作用，在不盖盖的情况下不致使膏体干燥而不能挤出，同时能增加膏体的耐寒性。在一般普通牙膏中的用量为 20％～30％，在透明牙膏中用量可高达 75％。常用的保湿剂有甘油、山梨醇、丙二醇、聚乙二醇等。

香精：香精可掩盖膏体中的不良气味，并使人感到清凉爽口，气味芳香，同时具有一定的防腐杀菌作用，用量一般为 1％～2％。香精用量过多会影响泡沫的产生和刺激口腔黏膜。牙膏香料由天然香料及单体香料调和而成，专用于牙膏、牙粉、漱口水等。所用的香料有薄荷油、柠檬香油、留兰香油、橙油、橘子油、冬青油、丁香油、肉桂油、茴香油、薄荷油、龙脑、柠檬醛、月桂醛、兰香素、乙酸戊酯等。

防腐剂：防止膏体发酵或腐败。常用的防腐剂有对羟基苯甲酸酯、苯甲酸钠、山梨酸钾、山梨醇等，用量为 0.05%～0.5%。

5.7.1　木糖醇牙膏

特点：抗菌、防龋齿，甜度适中，口感好。

配方：

原料名称	用量/%	原料名称	用量/%
木糖醇母液(70%)	10.0	碳酸钙	37.5
甘油	8.0	氢氧化铝	1.0
羧甲基纤维素(CMC)	1.0	月桂醇硫酸钠	1.5
苯甲酸钠	0.5	香料	1.3
单氟磷酸钠	0.8	去离子水	补足100

制法：将木糖醇母液、CMC、甘油、苯甲酸钠和去离子水依次投入煮沸锅中，加热至85～100℃，煮成胶体，冷却待用；在转速200r/min搅拌下，将单氟磷酸钠、碳酸钙、氢氧化铝、月桂醇硫酸钠和香料依次投入，继续搅拌使各种物料混合均匀，缓缓降温；待物料温度降至40～45℃，移至碾压机上碾细，冷却物料至35℃。用装填机装入软管中，并进行封口即得成品。

5.7.2　美白牙膏

配方1

特点：在具有去污美白牙齿功效的同时，能减少摩擦剂对牙釉质的伤害。

配方：

原料名称	用量/%	原料名称	用量/%
山梨醇	10.0	碳酸钙	50.0
失水焦磷酸钠	0.5	二氧化硅	5.0
糖精钠	1.0	植酸钠	1.0
聚乙二醇	5.0	十二烷基硫酸钠	5.0
羧甲基纤维素钠	1.0	香精	1.5
汉生胶	0.7	色素	0.5
甘油	3.0	去离子水	补足100
羟苯甲酯	0.3		

制法：将羧甲基纤维素钠、汉生胶、羟苯甲酯分散到聚乙二醇和甘油中；另

外将糖精钠、山梨醇、十二烷基硫酸钠、失水焦磷酸钠溶于水中使其膨胀，形成均一胶水，并适当陈化，然后将碳酸钙、二氧化硅、植酸钠依次加入，经研磨均质，再加入色素、香精。真空脱气形成膏体，经检测合格后，灌装，包装制成牙膏。

来源：CN102512335A。

配方 2

特点：快速清除牙齿表面菌斑和交替沉积在牙齿表面、缝隙间的斑垢，美白效果迅速。

配方：

原料名称	用量/%	原料名称	用量/%
甘油	10.0	碳酸钙	47.0
山梨醇	15.0	海泡石	0.4
羧甲基纤维素钠	1.4	聚乙烯基吡咯烷酮	0.1
糖精	0.25	香精	1.0
十二烷基硫酸钠	1.9	去离子水	补足 100

制法：将糖精放入去离子水中搅拌至完全溶解；然后，加入甘油、山梨醇、羧甲基纤维素钠、十二烷基硫酸钠、碳酸钙、海泡石和聚乙烯基吡咯烷酮，高速搅拌 20～40min，再加入香精搅拌 10～30min；接着再以胶体磨研磨得到牙膏，并通过无菌包装得到美白牙膏成品。

来源：CN1275588C。

5.7.3 儿童牙膏

配方 1

特点：不含摩擦剂，膏体透明，泡沫少，易刷开，减少对牙齿表面的摩擦，安全性高。

配方：

原料名称	用量/%	原料名称	用量/%
山梨醇	30.0	香精	0.3
甘油	5.0	木糖醇	5.0
苯甲酸钠	0.2	维生素 C 磷酸酯	0.1
聚丙烯酸钠	0.35	维生素 E 醋酸酯	0.1
氢氧化钠(食品级)	0.17	去离子水	补足 100
RH40(聚氧乙烯醚氢化蓖麻油)	2.0		

制法：将去离子水、木糖醇、维生素 C 磷酸酯混合，搅拌至溶解完全；在开启搅拌的条件下，均匀加入聚丙烯酸钠，搅拌至均匀；再依次加入甘油、山梨醇、维生素 E 醋酸酯、RH40、苯甲酸钠和香精，开启真空，搅拌至均匀；加入氢氧化钠中和，搅拌；开启真空，脱气，检验合格后灌装。

来源：CN104905987A。

配方 2

特点：均采用天然材料，无毒、无副作用，具有清洁口腔、抑制牙菌斑产生、预防龋齿，健康牙龈的功效，即使吞咽也不会引起毒副作用。

配方：

原料名称	用量/%	原料名称	用量/%
GSE 与天然皂树木组合物	2.0	甜菊糖苷	0.25
山梨醇	65.0	维生素 E	0.5
甘油	5.0	乳酸钙	0.5
二氧化硅	20.0	天然香精	0.8
羧甲基纤维素钠	0.8	去离子水	补足 100

制法：GES 提取物由葡萄柚的种子通过乙醇提取获得。取葡萄柚的种子，粉碎后，加入 10 倍量（质量）的 80% 的乙醇水溶液，在 60℃ 的条件下浸泡 12h，用纱布过滤后，滤液在 60℃ 经旋转蒸发仪蒸干。天然皂树木提取物是将皂树的枝粉碎，通过水提的方法获得：取皂树的枝粉碎物，加入 12 倍量（质量）的蒸馏水，加热至 80℃ 保持 2h，倒入滤液，过滤后，喷雾干燥。牙膏的制备方法为：将粉状摩擦剂、增稠剂按配方称好，至粉料罐中搅拌均匀待用；将甜味剂、营养成分按配方称好，在去离子水中混合搅拌均匀待用；将保湿剂按配方称好在液料罐中混合待用；打开制膏机真空系统，将真空度抽至 −0.5MPa，吸入甜味剂、营养成分配制的去离子水溶液和保湿剂，搅拌 10min；吸入混匀的粉状摩擦剂和增稠剂，抽真空至 −0.1MPa，搅拌 15min；加入天然香精、GSE 与天然皂树木提取物的混合物，搅拌 3min，抽真空至 −0.1MPa，搅拌 15min，即获得可食用的儿童牙膏。

用途：适用于儿童口腔清洁。

来源：CN105832614A。

5.7.4 含氟牙膏

特点：含有氟化钠，可使牙齿的矿化作用大于脱矿作用，具有一定的防龋齿效果。

配方：

原料名称	用量/%	原料名称	用量/%
干硅凝胶	12.0	三聚磷酸钠	1.0
山梨醇（78%）	35.0	氟化钠	0.23
甘油	26.0	糖精	0.2
羟乙基纤维素	1.7	香精	1.0
十二烷基硫酸钠	1.5	去离子水	20.87
三水合柠檬酸锌	0.5		

制法：将羟乙基纤维素、山梨醇、甘油投入沸煮锅中加热至85～95℃，搅拌发胶；然后加入干硅凝胶、十二烷基硫酸钠、三水合柠檬酸锌、三聚磷酸钠、氟化钠、糖精、香精和去离子水，继续搅拌使各物料混合均匀，缓缓降温至35～45℃，再用胶体磨进行充分研磨，装管、封口即得到含氟牙膏。

5.7.5　脱敏牙膏

特点：对牙本质过敏以及因过冷、过热、过酸、过甜而产生的牙痛症有一定的疗效。

配方：

原料名称	用量/%	原料名称	用量/%
乙酸钾	5.0	苯甲酸	0.1
山梨醇(70%)	22.0	三水合氧化铝	50.0
羧甲基纤维素钠	1.0	十二醇硫酸钠	1.5
香料	0.2	二氧化钛	1.0
糖精	1.0	水	补足100

制法：将羧甲基纤维素钠与山梨醇混匀后，加入乙酸钾、糖精和十二醇硫酸钠的水溶液，分散均匀后，加苯甲酸、三水合氧化铝、二氧化钛和香料，研磨、捏合为膏体后，真空脱气后得到脱敏牙膏。

用途：适用于牙齿过敏者。

5.7.6　防结石牙膏

特点：能有效防止牙结石的形成。

配方：

原料名称	用量/%	原料名称	用量/%
甘油(85%)	12.0	乳酸钙五水合物	7.0
CMC	3.0	月桂醇硫酸钠	1.0
苯甲酸钠	0.6	薄荷油	0.1
单氟磷酸钠	0.1	去离子水	补足100
磷酸氢钙二水合物	35.0		

制法：将去离子水、CMC、甘油混合均匀，搅拌至溶解完全；在开启搅拌的条件下，均匀加入单氟磷酸钠、磷酸氢钙二水合物、乳酸钙五水合物、月桂醇硫酸钠和苯甲酸钠，搅拌至均匀；再加入薄荷油，开启真空，搅拌至均匀；脱气，检验合格后灌装。

5.7.7　防牙斑牙膏

特点：能有效抑制牙斑的生成，具有美白牙齿的功能。

配方：

原料名称	用量/%	原料名称	用量/%
山梨醇(70%)	45.7	葡萄糖酸钠	2.4
甘油	10.2	氟化亚锡	0.45
二氧化钛	0.5	二水合氯化亚锡	1.1
硅微粉	20.0	糖精	0.2
羧甲基纤维素钠(CMC)	1.1	香精	0.85
硅酸铝镁	0.4	色素	0.05
十二烷基硫酸钠	1.3	去离子水	补足100
氢氧化钠	0.25		

制法：将山梨醇和一半的去离子水加入到混合罐中，加热到77℃，加热过程中同时加入糖精、二氧化钛、硅微粉和硅酸铝镁，搅拌防止溶液形成沉淀。将甘油加到分离器中加热至77℃，在剧烈搅拌下，在CMC中慢慢加入甘油，当其充分溶解时，在此混合物中加入山梨醇水溶液，充分搅拌15min，使黏合剂完全水合。当膏体质地合格时，加入香精、十二烷基硫酸钠和色素。将剩余的一半水加入分离混合罐中加热到77℃，加入葡萄糖酸钠并适度搅拌以充分溶解。将氟化亚锡和二水合氯化亚锡用77℃的水溶解，全部溶解后，使用氢氧化钠调pH值至4.5，膏体研磨，搅拌20min，脱气。

5.7.8　抗炎牙膏

特点：对防治牙周炎、牙周出血及水肿有一定疗效。

配方：

原料名称	用量/%	原料名称	用量/%
山梨醇	10.0	糖精	0.15
6-氨基己酸	0.12	羧甲基纤维素	1.0
丙三醇	10.0	十二烷基硫酸钠	1.2
赖氨酸	0.12	香料	1.0
磷酸氢钙	40.0	去离子水	补足100

制法：将山梨醇、丙三醇与羧甲基纤维素混合，分散均匀待用；将6-氨基己酸、赖氨酸溶于水中待用，在不断搅拌下加入山梨醇、丙三醇和羧甲基纤维素的混合物，经膨胀后形成胶水，然后加入磷酸氢钙、糖精及十二烷基硫酸钠等粉料，搅拌混合好后，加入香料充分搅拌，再经研磨均质、真空脱气、灌装等工序，即制成产品。

5.7.9　牙粉

特点：对牙齿的摩擦力较牙膏大，能有效祛除牙垢、牙菌斑和牙石。

配方：

原料名称	用量/%		
	例1	例2	例3
碳酸钙	75.0	60.3	—
甘油	10.0	—	—
香料	1.0	—	—
月桂醇硫酸钠	1.3	2.0	0.5
糖精	0.1	0.2	—
对羟基苯甲酸甲酯	适量	—	—
氢氧化镁	—	25.0	—
碳酸镁	—	10.0	—
CMC	—	0.5	—
香精	—	2.0	—
过氧化硼酸钠	—	—	35.0
无水碳酸钠	—	—	30.0
三聚磷酸钠	—	—	19.3
去离子水	补足100	—	—
氯化钠	—	—	15.0
薄荷油	—	—	0.2

制法（例1）：将碳酸钙、月桂醇硫酸钠、糖精和对羟基苯甲酸甲酯在混料机中搅拌混合均匀，搅拌下缓慢喷入甘油和水的混合物、香料，搅拌至物料为自由流动粉体，即得到牙粉。

用途：牙齿表面牙斑、牙渍、牙垢的祛除。

用法：使用时最好先用普通牙膏清洁牙齿，去除浮在表面的污垢后，用干牙刷蘸牙粉，在牙齿表面轻轻摩擦，使用后再用清水刷牙，冲掉剩余在嘴中的牙粉，避免吞咽入腹。

5.7.10　除口臭含漱液

特点：植物来源配方，使用方便简单，能有效去除口腔异味，并有一定的抗菌抗炎功能。

配方：

原料名称	用量/%		
	例1	例2	例3
薄荷脑	1.0	—	—
薄荷香精	1.0	—	0.3
甜蜜素	0.5	—	—
硼砂	0.3	—	—
乙醇	20.0	10.0	20.0
柠檬油	—	0.1	—
紫苏油	—	0.1	—
丁香油	—	0.1	—
甘油	—	—	10.0

原料名称	用量/%		
	例 1	例 2	例 3
氯化十六烷基吡啶鎓	—	—	0.1
Tween20	—	—	0.3
柠檬酸	—	—	0.1
去离子水	补足 100	补足 100	补足 100

制法（例 2）：将上述柠檬油、紫苏油、丁香油溶于乙醇中，然后加入蒸馏水，搅拌均匀即成漱口液。

用途：祛除口腔异味。

用法（例 2）：使用时将本品滴入水中，漱口，早晚各 1 次，口臭即可除去。

5.8　宠物洗涤剂

宠物是人类的亲密伙伴和生活伴侣，普遍被人们当作家庭成员来饲养。人们会和宠物发生亲密接触，甚至会同睡一张床。宠物的生活习性决定它们经常接触潮湿环境，而且饮食不洁，厚密的毛发又使得透气不良，灰尘难洗，加上自身分泌物的异味，多种寄生虫，如虱子、跳蚤及螨虫等便有了良好的滋生条件，有时还会携带各种病菌。这些寄生虫和病菌不仅会危害宠物的健康成长，甚至还会引起人、畜疫病的交叉传播和感染。基于宠物毛皮特点和皮肤发病的原因、病例特点，结合洗涤体系的复配原理和原则，高效去污、杀虫抗菌、止痒消炎、柔软皮毛、留香持久，彻底持久改变宠物皮毛所提供的有害温床，达到杀虫、消毒、洗涤等目的是宠物洗涤剂开发的目标。

开发宠物洗涤剂配方时，应考虑以下方面。

① 人的皮肤有 15～20 层，而宠物的皮肤却只有几层（狗的皮肤只有 3～5 层），皮肤比人类要脆弱得多，应尽量选择性质温和的表面活性剂。

② 宠物的皮肤多为中性或弱碱性（狗皮肤 pH 值为 7.5），而人的皮肤为弱酸性，因此在配方设计时，应注意调节配方体系的 pH。在保证洗涤效果的同时，不洗去保护皮肤表面的油脂，避免宠物皮肤干燥、瘙痒、过敏、皮屑等一系列问题。

③ 宠物没有汗腺或汗腺不发达，其独特的皮下组织会分泌出亮毛的分泌物并起到防水作用，如用洗涤剂将其清洗掉，会破坏这一组织，伤及皮毛。

④ 宠物会舔舐自己的皮毛，在清洗过程中洗涤剂也会不可避免地流入眼睛和口腔中，因此宠物洗涤剂所用组分必须无刺激、无毒，性质温和。

5.8.1 宠物香波

特点：适合于各种宠物预防疫病的清洁洗涤，也适合患有皮癣、皮屑、毛发营养不良、有异味的所有宠物清洁洗涤，能杀灭可能存在的致病菌，同时具有去除异味、滋养毛发的功能，且无毒、无刺激、无过敏、无毒副作用。

配方：

原料名称	用量/%	原料名称	用量/%
浒苔多糖	15~20	APG 去污因子	2~3
浒苔纤维质	10~15	芦荟	1~2
月桂醇醚硫酸铵	5~8	去离子水	补足 100
椰油酰胺二乙醇胺	5~8		

制法：按配比将浒苔多糖、浒苔纤维质、椰油酰胺二乙醇胺、月桂醇醚硫酸铵在加热至 40~50℃ 的去离子水中分散；然后将 APG 去污因子、芦荟加入到分散后的浒苔多糖中，降低搅拌速度，在 40℃ 搅拌乳化 30min；出反应釜、冷却、静置消泡后分装。

用途：宠物毛发清洁，异味去除及皮肤疫病的辅助治疗。

使用方法：将宠物毛发用清水充分润湿，然后取适量宠物香波，轻轻揉搓于宠物皮毛上，数分钟后用清水冲洗干净，用毛巾擦干毛皮上的水分。

5.8.2 驱虫宠物香波

配方 1

特点：对动物具有有效的洗涤、去污作用，而且能驱避动物身上的寄生虫，防止动物被蚊虫叮咬，可保持动物在 1~2 周内不被蚊虫叮咬，不产生寄生虫。

配方：

原料名称	用量/%	原料名称	用量/%
脂肪醇聚氧乙烯醚硫酸钠	12.0	化妆品复合防腐剂	1.0
脂肪醇二乙醇酰胺	3.0	苯甲酸钠	0.8
咪唑啉	3.0	氯化钠	适量
十二烷基硫酸钠	1.0	柠檬酸	适量(pH=4~7.5)
甜菜碱两性表面活性剂	3.0	香精	1.0
桃叶、桃仁萃取液	10.0	去离子水	补足 100
趋避胺	9.0		

制法：将脂肪醇聚氧乙烯醚硫酸钠、脂肪醇二乙醇酰胺、甜菜碱两性表面活性剂、咪唑啉、十二烷基硫酸钠和去离子水按比例称量搅拌混溶后，搅拌加热至 90℃ 恒温 30min；再加入桃叶、桃仁萃取液，并继续搅拌使其温度降至 70℃ 时，加入化妆品复合防腐剂和苯甲酸钠进行搅拌直至温度降到 45℃，再加入香精和柠檬酸进行搅拌使其温度冷却到 40℃，最后加入趋避胺搅拌冷却至 38℃，停止

搅拌并使产品静置12h。抽样检查，对合格的产品过滤、灌装。

用途：宠物洗涤与防蚊虫。

来源：CN1081363A。

配方2

特点：药效优良、易降解，对环境友好、对温血动物安全、对宠物寄生虫具有理想杀灭效果、对宠物毛发兼具护理作用。

配方：

原料名称	用量/%	原料名称	用量/%
除虫菊素	0.3	20%柠檬酸水溶液	0.5
2,6-二叔丁基-4-甲基苯酚(BHT)	0.2	20%异噻唑啉酮水溶液	0.5
月桂醇聚氧乙烯醚硫酸钠	18.0	20%氯化钠水溶液	4.0
椰子油烷基二乙醇酰胺	3.0	20%维生素 B_5 水溶液	1.0
椰油酰胺丙基甜菜碱	3.0	苹果香料	0.5
二甲基硅油	2.0	去离子水	补足100

制法：按量称取月桂醇聚氧乙烯醚硫酸钠18份，加入去离子水50份，低速搅拌充分溶解；然后，向其中加入椰子油烷基二乙醇酰胺、椰油酰胺丙基甜菜碱、二甲基硅油，中低速搅拌均匀；然后，再加入溶解有抗氧剂BHT的天然除虫菊素油，中低速搅拌均匀；接着，加入柠檬酸水溶液、异噻唑啉酮水溶液、氯化钠水溶液、维生素 B_5 水溶液、香料，中低速搅拌均匀，补足去离子水，得到除虫菊素杀虫宠物香波。以上步骤均在 $10\sim35℃$ 下进行配制。

用途：宠物防、杀寄生虫。

用法：推荐每千克宠物用量1g。

来源：CN105147561A。

5.8.3 宠物异味清除剂

特点：用日常使用的化工原料，通过搅拌的方式混合在一起，就能起到吸收异味，消除恶臭的作用，除臭时间一般可达72h以上，产品安全无毒，使用方便。

配方：

原料名称	用量/%	原料名称	用量/%
柠檬酸	1.5~2.0	香料	0.1~0.5
戊二醛	1.0~3.0	氯化钙	0.1~0.5
甲酸钠	1.0~3.0	去离子水	补足100

制法：将各种原料按比例配制好后，充分搅拌即可得到宠物异味清除剂。

用法：将宠物异味清除剂添加于宠物使用的垫料中，添加量一般为垫料质量的 $3\%\sim10\%$ 就能达到满意的除臭效果。

5.8.4 猫眼泪痕去除剂

特点：具有良好的清除效果，配制容易，成本低廉。

配方：

原料名称	用量/份	原料名称	用量/份
食用淀粉	5.0	干皂角粉	3.0
食盐	6.0	红霉素软膏	1.0
硼酸	2.0	去离子水	30.0
橄榄油	0.1		

制法：将食盐、硼酸溶于去离子水中；将食用淀粉、干皂角粉混合均匀，然后缓慢加入含食盐、硼酸的去离子水，搅拌均匀成糊状后，加入橄榄油和红霉素软膏搅拌均匀即得到猫眼泪痕去除剂。

用法：用毛巾蘸取50℃左右的温水由上至下擦拭猫鼻翼两侧；用棉签蘸取药剂，顺着猫眼周猫毛生长的方向擦拭，使带有泪痕及周边的猫毛湿润。待湿润后重复此步骤，稍微用力擦拭，直至80％黄色或棕色、黑色泪痕已擦拭干净；再将药剂和成泥状，敷在猫眼角及鼻翼容易产生泪痕的部位。药剂距离猫眼角及鼻孔1mm距离，不要误入猫眼中。为猫套上伊丽莎白圈，控制猫不要让猫舔舐或用爪子破坏敷药部位，静候10min；用生理盐水去除药剂，并使用棉签或毛巾沾生理盐水稍用力擦拭，直到所有药剂被完全清洗干净；使用市面任意耳螨药清洁猫的双耳，向猫的双耳中滴入耳螨药。用手将猫耳贴近头部两侧，使耳螨药无法流出，并轻轻摇晃猫头部，使耳螨药充分入耳。用棉签擦拭双耳，直到耳螨被清除；使用静音吹风机或人工吹干猫眼周猫毛，确认其完全干燥后，取下伊丽莎白圈。

来源：CN105311096A。

5.8.5 宠物消毒清洁剂

特点：用于宠物皮肤黏膜等部位的杀菌消毒，也可用于宠物烧伤、烫伤、抓伤、咬伤等创面的清洁消毒，并可用于外科、妇产科、泌尿科、口腔科等各种外科手术术前、术后的清创和防治感染，还可用于宠物口腔、耳道和鼻部的清洁和消毒。

配方：

原料名称	用量/％	原料名称	用量/％
溶葡萄球菌酶	0.0015	氯化钠	0.2
溶菌酶	0.2	甲壳素	2.0
磷酸钾	0.2	无菌蒸馏水	补足100

制法：在无菌室中，按比例称取每一组分，依次加入洁净的玻璃或不锈钢盛

具中，加入无菌蒸馏水轻轻搅拌，充分混合均匀后，灌装于塑料或玻璃瓶中，室温保存即可。

用途：该制剂可用于宠物的皮肤黏膜消毒用，可在 2～10min 内杀灭皮肤、黏膜表面的淋球菌、金黄色葡萄球菌、白色念珠菌、绿脓杆菌、大肠杆菌等，杀灭率达 99.9%。并可用于外科、妇产科、泌尿科、口腔科等各种外科手术前、术后的清创和防止感染。

用法：可用于宠物烧伤、烫伤、抓伤、咬伤等创面的清洁消毒，均匀喷洒于患处，每天 3～4 次，以充分润湿患处为宜。

来源：CN101288769A。

5.8.6　宠物口腔清洁剂

特点：以安全的酸性物质降低动物口腔的 pH 值，以达到消灭各种细菌，阻止细菌繁殖的目的，能有效预防或治疗猫、狗等宠物的口部疫病，例如口炎、牙周疫病、齿龈炎、边缘牙周炎和顶端牙周炎。

配方：

原料名称	用量/%	原料名称	用量/%
月桂酸甘油单酯	1.0	丙二醇	20.0
辛酸	2.8	聚氧乙烯-聚氧丙烯嵌段共聚物(F-68)	10.0
癸酸	2.0		
乳酸	6.0	去离子水	补足100

制法：将月桂酸甘油单酯、辛酸、癸酸、乳酸、丙二醇、聚氧乙烯-聚氧丙烯嵌段共聚物撒入去离子水中，充分搅拌均匀即得到宠物口腔清洁剂。

用途：动物口腔疫病治疗。

用法：使用时，用 2～5 倍的水稀释药剂，将棉球浸入清洁剂溶液，按摩施药于包括齿龈的口内组织。

5.8.7　宠物用品清洁剂

特点：对人畜安全，消毒灭菌快速、高效、广谱，刺激性小，无毒副作用，对环境无污染。

配方：

原料名称	用量/份	原料名称	用量/份
一氯一羟基二苯醚	0.1	苹果酸	20.0
十二烷基季铵盐	50.0	脂肪醇聚氧乙烯醚	200.0
醋酸氯己定	50.0	香瓜香精	0.1
多聚磷酸盐	1.0	亮蓝色素	0.01
乙醇	300.0	去离子水	500.0

制法：首先，按照配方量将多聚磷酸盐、十二烷基季铵盐、醋酸氯已定、脂肪醇聚氧乙烯醚和乙醇依次放入反应釜中，搅拌均匀后加入配方量 1/3 的去离子水，同时启动加热装置，在 20～90℃ 条件下持续搅拌 30～60min；然后将一氯一羟基二苯醚加入到上述反应液中，继续加热搅拌 40～50min，停止搅拌和加热；再将剩余的去离子水加入并搅拌 20～30min，加入苹果酸，最后加入香瓜香精和亮蓝色素，继续搅拌 30～40min 后停止，静置 60～120min，过滤即得到产品。

用途：用于宠物吃、穿、住用品的消毒清洁。

来源：CN1786134A。

5.9　卫浴洗涤剂

卫浴洗涤剂用于浴室内浴盆、浴缸、洗手池、淋浴器及瓷砖等的清洗，其污垢主要为水垢、皂垢、人体油脂和皮脂，还可能存在潮湿引起的霉渍。卫浴洗涤剂的配方中应考虑：

① 耐硬水；

② 在光滑表面的残留少；

③ 与漂白剂、杀菌剂相容；

④ 酸液中极好的润湿性、去污性能。

卫浴洗涤剂中常用的表面活性剂有两性表面活性剂、氧化胺、N-烷基吡咯烷酮、烷基二苯醚二磺酸钠等。这些表面活性剂即使在硬水条件下也表现出很好的溶解性，在漂白配方中氧化胺、烷基二苯醚二磺酸盐等表面活性剂表现出极好的稳定剂。对于无机酸清洁剂，这些表面活性剂还改进了润湿性。

抽水马桶的清洁基本上都采用酸性配方，有助于硬水垢、皂垢和铁锈的溶解与去除，也可以分解人体排泄物中的碱性物质，达到部分除味的效果。对于酸性液体配方，增稠是需要考虑的重要问题，可采用牛脂胺聚氧乙烯醚、牛脂基二羟基乙基甜菜碱。阳离子表面活性剂和双氧水常作为消毒剂使用。

5.9.1　酸性浴室清洁剂

配方 1

特点：对浴缸、浴盆、面盆等区域和瓷砖上的皂垢、油脂和人体分泌物等形成的污垢有良好的去除作用。

配方：

原料名称	用量/份		
	例1	例2	例3
十二烷基苯磺酸钠	5.0	4.0	—
月桂酸	5.0	—	—
甲醇聚氧乙烯醚	5.0	—	—
月桂酸钠	0.7	—	—
柠檬酸	—	—	5.0
C$_9$～C$_{11}$烷醇聚氧乙烯醚(5)	—	3.0	4.0
七水合硫酸镁	—	1.35	—
丁二酸	—	1.67	—
戊二酸	—	1.67	—
己二酸	—	1.67	—
磷酸	—	0.23	—
椰子酰胺丙基甜菜碱	—	—	10.0
聚乙二醇(150)硬脂酸酯	—	—	3.0
椰子酰胺丙基氧化胺	—	—	3.0
色素、香精	适量	适量	适量
去离子水	补足100	补足100	补足100

制法（例1）：将十二烷基苯磺酸钠、月桂酸、甲醇聚氧乙烯醚和月桂酸钠加入去离子水中，搅拌至完全溶解且均匀，然后加入色素、香精搅拌均匀即得到酸性浴室清洁剂。

用途：浴缸、浴盆、面盆、瓷砖等浴室用品。

用法：将浴室清洗剂涂、撒在润湿后的待清洗表面，充分润湿污垢后，用硬质毛刷刷洗，并用清水冲洗干净。

配方2

特点：配方简单，温和，适用面广。

配方：

原料名称	用量/%	原料名称	用量/%
二丙二醇正丁醚	8.0	柠檬酸	2.8
脂肪醇聚氧乙烯醚(3)	0.7	乙醇胺	0.4
脂肪醇聚氧乙烯醚(6)	2.3	去离子水	补足100

制法：称取计算量去离子水于混合釜中，加入二丙二醇正丁醚，混合均匀后，加入脂肪醇聚氧乙烯醚（6），搅拌至完全溶解，加入脂肪醇聚氧乙烯醚（3），再次搅拌至完全溶解且物料均匀后，依次加入柠檬酸和乙醇胺，搅拌30min，静置、过滤、放料得到成品，pH值约为3.2。

5.9.2 重垢酸性浴室清洁剂

特点：高/低泡，酸性，去除皂垢和硬水渍特别有效。

配方：

原料名称	用量/份	
	例1	例2
盐酸	5.0	5.0
氨基磺酸	5.0	5.0
月桂基氧化胺	10.0	—
辛基磺酸钠	—	10.0
去离子水	80.0	80.0

制法：依次将盐酸、氨基磺酸、月桂基氧化胺或辛基磺酸钠加入去离子水中，搅拌均匀即可，pH=1.0。

用法：原液使用或按需稀释，不能用于天然大理石和抛光铝面，清洗时不能与漂白剂混合，并须戴手套。

5.9.3 浴盆清洁剂

配方1

特点：易于从浴盆上去除污垢和皂垢。

配方：

原料名称	用量/%	原料名称	用量/%
JEC两性表面活性剂	3.0	碳酸钠	4.0
EDTA-4Na	10.0	去离子水	83.0

制法：搅拌下加入各组分，搅拌至 EDTA-4Na、碳酸钠、JEC两性表面活性剂完全溶解，体系均匀即可。

用法：按照（1∶30）～（1∶130）的比例稀释使用。

配方2

特点：用于浴盆和瓷砖喷射、漂洗，有效去除皂垢和皮脂污垢，不使用溶剂而提供水膜，快速、无点迹干燥，并在漂洗过程中保持作用。

配方：

原料名称	用量/%	原料名称	用量/%
C_9～C_{11}醇聚氧乙烯醚(6)	2.0	丙烯酸衍生聚合物(Surf-S210)	1.0
月桂基氧化胺	1.5	香精和色素	适量
烷基二甲基苄基氯化铵	0.5	去离子水	补足100
聚丙烯酸钠	1.5		

制法：在混合釜中加入去离子水，搅拌下缓缓依次加入 C_9～C_{11} 醇聚氧乙烯醚（6）、月桂基氧化胺、烷基二甲基苄基氯化铵、聚丙烯酸钠、丙烯酸衍生聚合物、香精和色素，混合至所有组分均一，检验合格，即可过滤、灌装，外观为透明液体，pH=12，黏度为 30mPa·s。

用法：原液使用或按需稀释，使用时需戴手套。

5.9.4 沐浴器清洁剂

配方1

特点：易于使用的透明、稳定液体，防止皂垢、石灰石和霉在淋浴器表面形成和滞留，从而保持淋浴器清洁。

配方：

原料名称	用量/%	原料名称	用量/%
月桂亚氨基二丙酸二钠	6.0	异丙醇	2.0
柠檬酸钠	1.0	NaOH 或柠檬酸	适量
丙烯酸衍生物聚合物(Surf-S110)	0.75	去离子水	补足100
EDTA	0.5		

制法：在去离子水中加入柠檬酸钠和 EDTA，全部溶解后，加入月桂亚氨基二丙酸二钠混合至均匀，加入 Surf-S110，然后加入异丙醇，按需用 NaOH 或柠檬酸调 pH 值至6。

用法：用毛刷蘸取适量清洗剂涂、刷在淋浴器需清洁表面，待充分浸润污垢后，用毛刷蘸水刷除污垢，并用清水冲洗干净，或者当清洗剂充分浸润污垢后直接用清水冲洗干净。

配方2

特点：浴后喷于淋浴器、夹具和玻璃门表面，使干燥。无须擦干或漂洗，去除皂垢和矿物沉积，无条纹和残余膜，VOC 极低。

配方：

原料名称	用量/%	原料名称	用量/%
EDTA-4Na	1.5	香精	0.01
三丙二醇甲醚(TPM)	4.0	去离子水	补足100
两性表面活性剂 Colateric NT	1.5		

制法：将计量的去离子水放入干净容器中，搅拌下加入 EDTA-4Na 和 TPM。预先混合 Colateric NT 和香精，加入混合溶液中，搅拌均匀即得成品。

用途：浴室浴具、玻璃门等的清洁。

用法：将清洁剂直接喷于淋浴器、夹具和玻璃门等的表面即可。

5.9.5 马桶清洁剂

配方1

特点：黏稠液，可附于垂直表面。

配方：

原料名称	用量/%	原料名称	用量/%
盐酸(36%)	20	去离子水	补足100
牛脂胺聚氧乙烯醚-2	3		

制法：将水加入混合釜中，搅拌下按顺序依次加入盐酸和牛脂胺聚氧乙烯醚-2，混合至透明、均一，所得产品为透明黏稠液体，黏度 2000 mPa·s，pH<1.0。

用法：用喷射瓶喷射，原液使用。

配方 2

特点：对马桶相对温和，甲酸和 L-(＋)-乳酸结合使用能有效提高去垢效率。

配方：

原料名称	用量/%	原料名称	用量/%
L-乳酸	6.0	黄原胶	0.4
辛醇醚-9-羧酸/己醇醚-4-羧酸	2.0	香精、染料	适量
甲酸	0.5～1.0	去离子水	补足 100

制法：将水加入混合釜中，搅拌下按顺序依次加入 L-乳酸、辛醇醚-9-羧酸/己醇醚-4-羧酸、甲酸、黄原胶，搅拌均匀后加入适量香精和染料，混合至均匀，得到产品。

用法：将清洁剂用喷射瓶沿马桶边沿喷在待清洁表面上，用毛刷刷干净，然后用水冲洗干净。

配方 3

特点：固体剂型，使用方便。

配方：

原料名称	用量/%	原料名称	用量/%
壬基酚聚氧乙烯醚-40	45	月桂酸二乙醇酰胺	5
聚乙二醇 8000	45	水	补足 100

制法：将壬基酚聚氧乙烯醚-40 和聚乙二醇 8000 熔化并混合，保持 70～80℃，缓缓搅拌下加入月桂酸二乙醇酰胺，然后加入水，混合均匀，将熔化的产品灌入设计的模具中，冷却至室温，得到固体马桶清洁剂。

用法：直接使用。

配方 4

特点：通用性强，价格低廉，经济性好。

配方：

原料名称	用量/%	原料名称	用量/%
磷酸(85%)	12.0	烷基甜菜碱(Mona AT-1200)	8.6
盐酸(37%)	5.4	去离子水	补足 100

制法：将去离子水加入混合釜中，搅拌下依次加入磷酸、盐酸和烷基甜菜碱，搅拌分散均匀，得到产品。

用法：用喷射瓶喷射，原液使用。

5.9.6 厕所消毒清洁剂

特点：具有消毒与清洁的双重功效。

配方：

原料名称	用量/%	原料名称	用量/%
C_9～C_{11}仲醇聚氧乙烯醚-8	10.0	过氧化氢(36%)	8.0
改性蓖麻油聚氧乙烯醚-40	1.0	染料	0.05
磷酸(85%)	10.0	香精	0.1
柠檬酸	5.0	去离子水	补足100

制法：在混合釜中注入计量去离子水，然后依次加入 C_9～C_{11}仲醇聚氧乙烯醚-8、改性蓖麻油聚氧乙烯醚-40，搅拌至物料透明后，搅拌下依次加入磷酸、柠檬酸、过氧化氢、染料和香精，搅拌至均匀、透明即得成品。

用途：厕所马桶、地面、墙面等的清洗与消毒。

用法：将清洁剂原液或稀释 2～4 倍，喷于待清洁物上，浸润 10～20min，然后用清水冲洗干净即可。

5.9.7 马桶清洁除味剂

特点：中性配方，含天然芳香除臭成分，使用更加安全。

配方：

原料名称	用量/%	原料名称	用量/%
十二烷基二甲基苄基氯化铵	20.0	D-苧烯	3.0
异丙醇	4.0	乙二醇单酚醚	0.75
酸性蓝 9#	0.75	去离子水	补足100
香茅油	3.0		

制法：在搅拌釜中加入去离子水，再加入异丙醇，搅拌下分批加入十二烷基二甲基苄基氯化铵，待完全溶解后加入酸性蓝 9#，搅拌至完全溶解，制成预混水相。将香茅油、D-苧烯和乙二醇单酚醚混合，加入到上述制备的预混水相中，搅拌至透明，得到清洁除臭剂。

用法：每升水加 7～8g 产品稀释使用。

5.10 厨房洗涤剂

厨房用洗涤剂是一类重要的洗涤剂，用于厨房内各种硬表面的清洁和消毒，清洗范围涉及整个厨房，包括餐具、炉灶、抽油烟机、炊具、洗碗机以及开水器具等，其中最主要的产品为餐具洗涤剂。

厨房洗涤剂所洗涤的污垢相对较单一，最主要的是油污，还有食物、蔬菜残渣、水垢等。由于用于餐具器具，消毒也是厨房洗涤剂的一个重要功能。

厨房洗涤剂要求产品都应符合以下基本要求：

① 由于与食品及皮肤有密切接触，因此必须对人体绝对安全，即厨房洗涤剂必须是安全无害的，另外还要对皮肤尽可能温和。

② 去油污性能好，能有效清除动、植物油污及其他污垢。

③ 用于洗涤蔬菜、水果等时无害，即使残留于蔬菜、水果也不影响其风味和色彩，不损伤其外观。除可清除水果、蔬菜上的污垢外，还能有效洗去残留的农药、肥料等，而且不损害其营养成分。

④ 不损伤玻璃、陶瓷、金属制品的表面，不腐蚀餐具、炉灶等厨房用具。

⑤ 不影响食品的外观和口感、气味，因此洗涤剂应当无异味、臭味。

厨房洗涤剂常用的原料有以下种类。

阴离子表面活性剂：LAS（钠盐、氨盐或三乙醇胺盐）、AES（钠盐、铵盐、三乙醇胺盐）、SAS、AOS（一般用 $C_{14}\sim C_{16}$ 的 AOS）、AS、月桂醇聚氧乙烯醚磺基琥珀酸酯二钠盐等。

非离子表面活性剂：一般用量不多，但很重要，主要有烷醇酰胺、氧化胺（如 OB_2）、和烷基糖苷（APG）、酰基葡萄糖酰胺（MEGA）、甲基葡萄糖酯（MGE）等及窄分布的 $C_{12}\sim C_{14}$ 的 AEO7。

其他助剂：泡沫稳定剂、增溶剂、增稠剂、pH 调节剂、防腐剂、香精、色素等。

近年来，人们要求餐具洗涤剂除洗涤去污外，还能清除各种微生物、细菌和霉菌，即能消毒杀菌。常用的消毒杀菌剂有：碘（碘伏、碘与 PVP 复合物）、二氧化氯、DP300 等。

5.10.1 通用餐具洗涤剂

配方 1

特点：手洗、机洗均可，配方有效物含量高，原料易得，制备设备与工艺简单。

配方：

原料名称	用量/%	原料名称	用量/%
脂肪醇聚氧乙烯醚硫酸钠	18.3	氯化钠	3.0
十二烷基苯磺酸钠	30.0	香料、染料、防腐剂	适量
椰油酸二乙醇酰胺	4.0	去离子水	补足 100
二甲苯磺酸钠	8.5		

制法：将去离子水加入混合釜中，搅拌下向其中依次加入脂肪醇聚氧乙烯醚

硫酸钠、十二烷基苯磺酸钠、椰油酸二乙醇酰胺，待前一表面活性剂完全溶解后，再加入下一种。所有表面活性剂完全溶解后，加入二甲苯磺酸钠（降低）氯化钠（提高）调节黏度，待其完全溶解后，加入香料、染料和防腐剂，搅拌20min，静置，过滤，灌装得到通用型餐具洗涤剂。

配方2

特点：配方简单、通用性强，易于制作，经济性好。

配方：

原料名称	用量/%	原料名称	用量/%
十二烷基苯磺酸钠	8.0	氯化钠	0.8
椰油酸二乙醇酰胺	2.4	去离子水	补足100

制法：将去离子水加入混合釜中，分批加入十二烷基苯磺酸钠，搅拌至完全溶解，再加入椰油酸二乙醇酰胺搅拌，至物料透明均一，加入氯化钠调节至所需黏度，即得到产品。

配方3

特点：含天然表面活性剂成分，绿色环保，易于降解。

配方：

原料名称	用量/%	原料名称	用量/%
十二烷基苯磺酸钠（55%）	19.4	椰油酰胺丙基甜菜碱（30%）	2.5
$C_{12}\sim C_{14}$烷基糖苷（50%）	11.4	乙醇	1.9
月桂醇聚氧乙烯醚硫酸钠	9.5	去离子水	补足100

制法：将去离子水加入混合釜中，加入乙醇，然后分批加入十二烷基苯磺酸钠，搅拌至完全溶解后，再依次加入月桂醇聚氧乙烯醚硫酸钠、$C_{12}\sim C_{14}$烷基糖苷和椰油酰胺丙基甜菜碱，搅拌至物料透明均一，即得到产品。

5.10.2 机用餐具洗涤剂

配方1

特点：固体配方，含有酶制剂，适用于机器餐具洗涤。

配方：

原料名称	用量/%	原料名称	用量/%
加酶制剂的柠檬酸	3	CMC	1
脂肪醇聚氧乙烯-聚氧丙烯（20：80）嵌段共聚物（分子量12500）	25	4% α-淀粉酶水溶液	20
		去离子水	补足100

制法：将去离子水注入混合釜中，加热至85～95℃，均匀撒入CMC搅拌溶解，直至无颗粒物，且为透明黏稠液体，加入脂肪醇聚氧乙烯-聚氧丙烯嵌段共聚物，搅拌降温直至体系温度降至40℃以下，加入加酶制剂的柠檬酸和4% α-

淀粉酶水溶液搅拌至均匀，静置，灌装。

用法：使用时，取上述配合物1%的水溶液，pH值为6～7。

配方2

特点：具有良好的机洗性能、性价比较高。

配方：

原料名称	用量/%	原料名称	用量/%
KOH	3	柠檬酸钠	10
硅酸钾	5	EDTA-4Na	2
偏硅酸钠	3	正辛基葡糖苷	3
次氨基三乙酸盐	10	去离子水	补足100

制法：将去离子水加入混合釜中，依次加入KOH、硅酸钾、偏硅酸钠、次氨基三乙酸盐、柠檬酸钠、EDTA-4Na和正辛基葡糖苷，加料时需等到前一原料完全溶解后再加入下一原料，所有原料均完全溶解后，检测产品指标合格，灌装。

配方3

特点：具有良好洗涤和漂白功能的双功能性新型洗涤剂。

配方：

原料名称	用量/%	原料名称	用量/%
椰油酸二乙醇酰胺	3	淀粉酶	2
过碳酸钠	20	蛋白酶	1
柠檬酸钠	25	无水硫酸钠	46
丙烯酸/马来酸共聚物	3		

制法：将柠檬酸钠、过碳酸钠、淀粉酶、蛋白酶、无水硫酸钠加入到混料器中混合均匀，然后搅拌下依次缓慢加入椰油酸二乙醇酰胺和丙烯酸/马来酸共聚物，直至物料搅拌均匀，即得到分装的具有漂白功能的机用餐具洗涤剂。

用法：每标准洗盘用2～4汤勺。

5.10.3　手洗餐具洗涤剂

配方1

特点：超浓缩典型配方，适合于手洗，不伤皮肤。

配方：

原料名称	用量/%	原料名称	用量/%
脂肪醇聚氧乙烯醚硫酸钠	28	酰胺丙基氧化胺	3
C_{12}～C_{14}烷基糖苷	7	乙醇	6
脂肪醇聚氧乙烯醚	6	氯化钠	5
椰油酸二乙醇酰胺	3	去离子水	补足100

制法：先将去离子水加入混合釜中，加入乙醇，然后依次加入脂肪醇聚氧乙烯醚硫酸钠、$C_{12}\sim C_{14}$烷基糖苷、脂肪醇聚氧乙烯醚、椰油酸二乙醇酰胺、酰胺丙基氧化胺，搅拌至表面活性剂完全溶解后，加入氯化钠调节黏度，检测合格后得到手洗餐具洗涤剂。

配方2

特点：泡沫丰富、餐具表面光亮。

配方：

原料名称	用量/%	原料名称	用量/%
辛基/癸基聚葡糖苷	12.5	柠檬酸	适量
十二烷基苯磺酸盐(60%)	25.8	香精、染料	适量
椰油酸二乙醇酰胺	2.5	防腐剂 HK-88	0.2
乙醇	2.0	去离子水	补足100

制法：将去离子水注入搅拌釜中，加入乙醇和十二烷基苯磺酸盐，溶解完全；然后，加入辛基/癸基聚葡糖苷搅拌溶解混匀；接着，加入椰油酸二乙醇酰胺，用柠檬酸调节 pH 值至 6.5~7.0；按需加入香精、染料和防腐剂，搅拌直至完全透明后，检测合格，灌装。

5.10.4　水果蔬菜洗涤剂

配方1

特点：配方简单，成本低，能去除水果、蔬菜表面附着的农药和细菌。

配方：

原料名称	用量/份	原料名称	用量/份
蔗糖脂肪酸酯	15	香料	适量
椰子油烷醇酰胺	6	去离子水	60
乙醇(95%)	12		

制法：将蔗糖脂肪酸酯、椰子油烷醇酰胺与去离子水加入混合釜中搅拌加热，至完全溶解后，加入95%乙醇和香料，充分搅拌均匀即得到产品。

用法：用自来水稀释后即可洗涤蔬菜、水果。

配方2

特点：机械清洗蔬菜叶、水果用洗涤剂，能有效去除蛔虫卵。

配方：

原料名称	用量/份	原料名称	用量/份
烷基苯磺酸钠(55%)	30	水	47.5
椰子油脂肪酸二乙醇酰胺	10	香料	适量
乙醇	12.5		

制法：将烷基苯磺酸钠、椰子油脂肪酸二乙醇酰胺与去离子水加入混合

釜中搅拌加热，至完全溶解后，加入乙醇和香料，充分搅拌均匀即得到产品。

用法：将该洗涤剂配成0.5%的水溶液洗涤蔬菜、水果，可以去除90%以上的蛔虫卵。

5.10.5　鱼贝类洗涤剂

配方1

特点：配方简单，原料易得，成本较低。

配方：

原料名称	用量/份	
	例1	例2
蔗糖脂肪酸酯	5.0	2
失水山梨醇脂肪酸酯	—	8
三聚磷酸钠	40.0	20
磷酸钠	4.0	—

制法：将配方中各组分按照比例溶于去离子水即得到产品。

用途：鱼类、贝类的清洁。

用法：使用时将洗涤剂溶于水，将宰割后的鱼贝类浸泡其中，然后用水冲洗干净。

配方2

特点：固体配方，运输、使用方便，兼具去污与改善鱼肉质量的效果。

配方：

原料名称	用量/%	原料名称	用量/%
失水山梨醇脂肪酸酯	8	硫酸钠	35
脂肪酸蔗糖酯	12	硫酸镁	20
三聚磷酸钠	20	丁二酸二钠	5

制法：将上述原料混合均匀即得到配方产品。

用途：鱼类、贝类的清洁。

用法：用时将配方产品配成0.5%的水溶液，将屠宰后的鱼贝浸泡其中，用清水冲洗干净。该法不仅可以去污，还可以改善鱼肉的质量。

5.10.6　环保手洗餐具洗涤剂

特点：对皮肤温和、不伤手，原料环境安全性较好，是一种绿色的餐具洗涤剂配方。

配方：

原料名称	用量/%	原料名称	用量/%
烯基磺酸钠	22	月桂醇聚氧乙烯醚-8	10
月桂醇醚硫酸钠	15	染料、香精	适量
椰油脂肪酸二乙醇酰胺	2	去离子水	补足100

制法：先将去离子水加入到反应釜中，搅拌下先加入烯基磺酸钠，搅拌至完全溶解透明后加入下一原料继续搅拌溶解，按照此方法依次加入椰油脂肪酸二乙醇酰胺、月桂醇醚硫酸钠、月桂醇聚氧乙烯醚-8，至所有原料均溶解完且透明，加入染料和去离子水，搅拌均匀后，过滤、出料，即得到配方产品。

用途：手洗餐具时使用。

5.10.7　气溶胶炉灶清洁剂

配方1

特点：气溶胶型喷剂，对油污润湿、清洗效果好。

配方：

原料名称	用量/%	原料名称	用量/%
三丙二醇甲醚	20.0	壬基酚聚氧乙烯醚-9	1.0
氢氧化钠(30%)	12.0	胶体硅酸盐	1.5
十六烷基二苯醚二磺酸钠	6.8	去离子水	补足100
异丁烷	4.5		

制法：将去离子水加入搅拌釜中，加入氢氧化钠搅拌溶解；然后加入十六烷基二苯醚二磺酸钠、壬基酚聚氧乙烯醚-9、三丙二醇甲醚搅拌至完全溶解；再加入胶体硅酸盐搅拌均匀；最后与异丁烷一起压入容器中。

用途：炉具、灶具的清洗。

用法：将清洁剂喷涂在待清洗的炉具或灶具表面，用抹布反复擦拭，直至表面干净，可反复喷涂擦拭。

配方2

特点：低VOC，对环境友好，无碱，对炉灶无伤害。

配方：

原料名称	用量/份		
	例1	例2	例3
Veegum T(硅酸铝镁，3.0%)	25.0	25.0	—
Laponite(黏土，3.0%)	—	—	25.0
石蜡乳液	1.0	1.0	1.0
碳酸钾	4.8	—	4.8
偏硅酸钠	—	4.8	—
氨基甲基丙醇	—	—	2.5
三丙二醇甲醚	9.5	9.5	9.5
AER(酰胺型缓蚀剂)	1.0	1.0	1.0

原料名称	用量/份		
	例1	例2	例3
Colonial NT(表面活性剂)	0.2	0.2	0.2
氨水	0.1	—	0.1
香精	0.1	0.1	0.1
去离子水	50.8	50.9	50.8
A-46 推进剂	5.0	5.0	5.0

制法：将去离子水加入混合釜中，先加入氨基甲基丙醇、三丙二醇甲醚、氨水、AER 和 Colonial NT 搅拌分散均匀，然后加入碳酸钾、Veegum T、Laponite、石蜡乳液、偏硅酸钠搅拌均匀，再加入香精混匀。最后将混合好的清洁液和 A-46 推进剂仪器压入罐中，得到气溶胶型炉灶清洁剂。

用途：炉具、灶具的清洁与洗涤。

用法：将清洁剂喷于待清洗的炉具或灶具表面，用抹布擦拭干净，可反复喷涂擦拭，直至待清洗表面干净。

5.10.8 陶瓷/玻璃炉灶清洁剂

特点：易于使用，温和清洁陶瓷与玻璃表面，清洗后提供保护膜，易于去除烧余食物。

配方：

原料名称	用量/%	原料名称	用量/%
聚硅酸盐	10.0	异丙醇	2.0
月桂基氧化胺	11.9	碳酸钙	42.2
直链烷基磺酸钠	5.7	去离子水	补足100
柠檬酸钠	2.6		

制法：首先，将去离子水加入搅拌釜中，加热至 40~50℃；然后，加入月桂基氧化胺和直链烷基磺酸钠搅拌至完全溶解；再加入柠檬酸钠和异丙醇继续搅拌至完全溶解；最后依次加入聚硅酸盐和碳酸钙，搅拌均匀即得到清洁剂乳脂。

用途：清洁玻璃或陶瓷炉灶表面的污垢。

用法：清洁前关闭炉灶，且保证炉灶已经冷却。用湿海绵蘸取炉灶清洁剂，用力擦拭待清洁表面，观察表面污垢脱除后，用干净抹布抹去清洁残留物。

5.10.9 碱性烤架清洁剂

配方1

特点：强碱性配方，清洁油脂、胶质效果好，生产工艺简单，价格便宜。

配方：

原料名称	用量/%	原料名称	用量/%
氢氧化钠(50%)	20	辛基酰胺丙基甜菜碱	1
甲基乙烯醚-马来酸酐共聚物	1	去离子水	补足100

制法：将氢氧化钠溶于去离子水中，加入辛基酰胺丙基甜菜碱搅拌至完全溶解，再加入甲基乙烯醚-马来酸酐共聚物搅拌溶解后即得到碱性烤架清洁剂。

用途：适用于烤肉架油污和炭垢的清洁。

用法：将清洁液喷涂或涂刷于待清洁的烤肉架上，静待几分钟后，再用湿抹布或报纸擦除油污。

配方2

特点：润湿性好，碱含量低，对动、植物油脂的清洁效果较好。

配方：

原料名称	用量/%	原料名称	用量/%
五水偏硅酸钠	22	二甲苯磺酸钠(40%)	4
月桂基氧化胺	9	EDTA-4Na	1
氢氧化钠(50%)	2	去离子水	62

制法：将五水偏硅酸钠和 EDTA-4Na 加入去离子水中，搅拌，并升温至60℃，待其溶解后，加入月桂基氧化胺和氢氧化钠搅拌至完全溶解，再加入二甲苯磺酸钠搅拌至澄清，得到碱性烤架清洁剂。

用途：适用于烤肉架油污和炭垢的清洁。

用法：用法同 5.10.9 配方1。

5.10.10　焦油去除剂

特点：组成简单，除焦油效果好，不含碱，不伤手。

配方：

原料名称	用量/份	
	例1	例2(膏状)
十六烷基二甲基硅氧烷共聚醇	2.0	3.0
白油	10.0	10.0
氯化钠	—	0.5
去离子水	88.0	86.5

制法：在强烈搅拌下将十六烷基二甲基硅氧烷共聚醇、白油和氯化钠加入去离子水中，搅拌至均匀即可。

用途：灶具表面焦油的去除。

用法：将焦油去除剂喷或刷于焦油污染的待清洁表面，数分钟后，用抹布或报纸用力擦干净。

5.10.11　油烟管道与烟罩清洗剂

配方 1

特点：能有效清洁油污，对物体表面无划伤和腐蚀作用。

配方：

原料名称	用量/%	原料名称	用量/%
脂肪醇聚氧乙烯(3)醚	5.0	增溶剂	4.0
烷基醇酰胺磷酸酯	4.0	三乙醇胺	2.0
三聚磷酸钠	3.5	异丙醇	2.0
碳酸钠	3.0	水	补足 100
二乙二醇丁醚	4.5		

制法：将去离子水加入搅拌槽中，启动搅拌后加入碳酸钠、三聚磷酸钠和增溶剂，待全部溶解后，加入异丙醇、三乙醇胺，充分搅拌均匀；然后，加入脂肪醇聚氧乙烯（3）醚、烷基醇酰胺磷酸酯、二乙二醇丁醚，混匀后得到产品。

用途：家用抽油烟机、工业油烟管道以及食堂、饭店的烟罩上烟垢、油腻的清除。

用法：使用时，将本品用刷子或软布涂抹在污垢处，经适当时间后，即可擦除污垢。然后用清水洗干净或擦净。

配方 2

特点：去污力强，常温下储存稳定。

配方：

原料名称	用量/%	原料名称	用量/%
氢氧化钙	55	苯与鲸蜡醇混合物(50∶50)	10
甲醇钠	31	多孔硼酸钠	4

制法：将氢氧化钙、甲醇钠、苯与鲸蜡混合物以及多孔硼酸钠混合均匀即得到成品。

用途：适用于洗涤厨房排风道。

用法：使用时，用湿海绵蘸取适量本产品，轻轻涂于待清洁表面，适当时间后，轻轻擦拭污垢表面，最后用干净的湿海绵或湿抹布擦净表面即可。

5.10.12　厨房脱味剂

配方 1

特点：能有效去除空气中的臭味，有效除臭 30d 以上。

配方：

原料名称	用量/%	原料名称	用量/%
醋酸乙烯-乙烯醇-氯乙烯共聚物(80%～89%氯乙烯;2%～20%醋酸乙烯;小于20%乙烯醇)	51.0	硅藻土	19.0
		薄荷香料	21.0
		邻苯二甲酸酯增塑剂	8.7
矿物油	0.3		

制法：将上述组分在125℃下掺合均匀后，于100～150℃下挤压成型，即可得到块状脱味剂。

用途：用于厨房中臭味的脱除。

用法：将本品放置在厨房中臭味较重的区域，脱臭效果可维持30d以上。

配方2

特点：能有效、快速去除厨房异味。

配方：

原料名称	用量/%	原料名称	用量/%
4-乙基-4-豆油基吗啉硫酸甲酯胺	0.25	乙醇	47.75
三乙二醇	2.0	推进剂	50.0

制法：将4-乙基-4-豆油基吗啉硫酸甲酯胺和三乙二醇溶于乙醇中，灌装入储罐中，然后加入推进剂即得到产品。

用途：快速清除厨房中的异味。

用法：将本除味剂喷于有异味的厨房中，关闭厨房门窗适当时间即可。

5.10.13 厨房消毒清洁剂

配方1

特点：具有广谱的杀菌性，抗菌杀菌效果好，能有效消除厨房中的细菌、病毒。

配方：

原料名称	用量/%	原料名称	用量/%
烷基二甲基苄基氯化铵(80%)	2.0	EDTA	0.2
N-辛基吡咯烷酮	1.5	染料、香料	适量
焦磷酸钾	3.0	去离子水	补足100

制法：在混合器中加入去离子水，搅拌下加入焦磷酸钾和EDTA，搅拌至所有原料完全溶解；再依次加入烷基二甲基苄基氯化铵和N-辛基吡咯烷酮，所有原料均在上一原料搅拌溶解后加入；最后加入染料和香料搅拌均匀即可。

用途：厨房地面、橱柜、台面等的清洁与消毒。

用法：将本消毒清洁剂按照一定比例用自来水稀释后用于厨房的消毒清洗。

配方2

特点：具有非常高的杀菌能力，在可见光照射条件下，对厨房餐具或其他的硬表面残留的细菌有优异的杀菌消毒效果。

配方：

原料名称	用量/%	原料名称	用量/%
正辛基硅烷处理的二氧化钛	1.0	柠檬酸钠	10.0
醋酸铜	0.1	月桂醇聚氧乙烯聚氧丙烯醚	30.0
活性炭(比表面积为 650m²/g)	0.5	去离子水	补足 100

制法：将粒度为 15nm 的锐钛型二氧化钛粉末与尿素混合并搅拌均匀，然后在 480℃下烧结 45min，得到氮掺杂锐钛型二氧化钛粉末，其中二氧化钛与尿素的质量比 50∶1。将正辛基三甲氧基硅烷与上述氮掺杂锐钛型二氧化钛粉末以质量比 1∶75，在质量分数为 95% 的乙醇中混合搅拌 5h，然后离心，用丙酮洗涤 4 次，并在 50℃下真空干燥，得到表面修饰有硅氧化层的二氧化钛。将柠檬酸钠、活性炭、正辛基硅烷处理的二氧化钛、醋酸铜在室温下研磨预混合，然后将去离子水、非离子表面活性剂和预混合的上述粉末依次加到搅拌器中混合，于 30℃下搅拌 24h，静置，无分层现象，得到所述厨房清洁剂。

用途：用于厨房地面、橱柜、台面等的清洁与消毒。

用法：将本清洁剂用自来水稀释至一定浓度，用于厨房地面、橱柜等的清洗。

5.10.14 冰箱冰柜清洗剂

配方1

特点：除具有去污作用外，还有去除冰箱异味、杀菌和抗静电的作用，不污染食品。

配方：

原料名称	用量/%	原料名称	用量/%
烷基芳基三甲基氯化铵	1	水	96
碳酸氢钠	3		

制法：先将碳酸氢钠溶解于去离子水中，然后加入烷基芳基三甲基氯化铵溶解完全即得到产品。

用途：冰箱中污垢的清洗。

用法：按照适当比例稀释后用于冰箱和冰柜内、外部及其组件的清洗。

配方2

特点：清洗效果佳，能除去各种油渍、污渍及食物残渣等，无任何化学残留，对人体无毒无害。

配方：

原料名称	用量/份	原料名称	用量/份
丙二醇	10	二氟二氯甲烷	10
过碳酸钠	2	聚氧乙烯椰子油酸酯	20
柠檬酸钠	1	过硫酸钾	2
苯基芳基三甲基氯化铵	2	薄荷脑	1
三乙醇胺	3	去离子水	500

制法：将二氟二氯甲烷及聚氧乙烯椰子油酸酯加入丙二醇中，升温至60～80℃，反应1～3h；将过碳酸钠及柠檬酸钠加入水中，混匀；然后，将丙二醇、二氟二氯甲烷及聚氧乙烯椰子油酸酯的混合物加入含有过碳酸钠和柠檬酸钠的水溶液中，混匀；降至室温，加入其余组分，搅拌混合均匀后即可得到配方产品。

用法：按照适当比例稀释后用于冰箱和冰柜内、外部及其组件的清洗。

来源：CN103103032A。

配方3

特点：无毒，清洗杀菌效果好，能对附着的各种霉菌、细菌等微生物有强烈的抑杀作用，且可以有效去除冰箱内部的异味，能使冰箱内壁保持长时间的清洁。

配方：

原料名称	用量/%	原料名称	用量/%
三乙醇胺	1.5	烷基芳基三甲基氯化铵	1.0
乙醇	18.0	香精	0.1
丙二醇	8.0	去离子水	补足100
EDTA	0.3		

制法：先将烷基芳基三甲基氯化铵加入到一定量的去离子水中溶解均匀，然后加入三乙醇胺、乙醇、EDTA、丙二醇和香精，搅拌均匀即可。

用法：同5.10.14中配方2。

来源：CN104651063A。

5.11 玻璃洗涤剂

玻璃污染相对较轻，同时由于表面致密，其清洗较为容易。玻璃洗涤剂的主要问题是如何提高光洁度、抗雾及防污等附加性能。

玻璃洗涤剂基本上是水和溶剂，溶剂的含量通常在4％～12％之间。要求不能在玻璃上留下条纹或污点。条纹是脏痕或配方中非挥发性化学残留物。

为了润湿玻璃表面，可在配方中加入少量表面活性剂，但由于表面活性剂不挥发，而易留下污迹。因此，表面活性剂的选择非常重要，最好使用亲水性高的阴离子表面活性剂，阳离子表面活性剂则强烈吸附在表面上，非离子表面活性剂也可能吸附于表面，特别是那些亲水/亲油平衡值（HLB）低的表面活性剂。阴离子表面活性剂的另一个优点是它们能提高亲油性组分（如香精和一些亲油性乙二醇醚）的亲水性。表面活性剂趋向于酸性形式，为得到 pH 值约为 10 的配方，需要加入中和剂或缓冲剂，如烧碱或乙醇胺。在洗涤剂配方中使用的其他少量添加剂包括染料、螯合剂和电解质盐。

在玻璃洗涤剂配方中加入丙二醇醚可以减少溶剂的使用量而不降低清洁性能。通常，溶剂的浓度可由典型的 8%～12%降至 4%～6%。丙二醇醚的低表面张力提高了表面的润湿能力，而使清洁工作变得更容易。

丙二醇正丙醚是配方的很好选择，它气味小，完全水溶，表面张力低，极好地提高了去油脂能力，可用于代替丙二醇正丁醚和丙二醇甲醚混合物。丙二醇正丙醚可使配方浓缩 4～6 倍，却无溶解性问题。高的水溶性也使其能在配方中使用高亲水/亲油平衡的非离子表面活性剂。

为了提高玻璃的抗雾性，可选用水溶性聚二甲基硅氧烷与环氧乙烷的共聚物（亲水性聚醚改性硅油），这种硅表面活性剂具有润湿成膜、抗静电、抗雾、不沾的优点。

5.11.1 玻璃清洁剂

配方 1

特点：通用性强，清洁能力好，泡沫少，易于清洗，且不留水渍水印。

配方：

原料名称	用量/%	原料名称	用量/%
脂肪醇聚氧乙烯(7)醚	0.3	氨水(28%)	2.0
聚氧乙烯醚椰油酸酯	3.0	染料	0.01
异丙醇	8.0	香料	0.01
二乙二醇单乙醚	3.0	去离子水	补足 100

制法：将去离子水注入混合釜中，搅拌下加入脂肪醇聚氧乙烯（7）醚、聚氧乙烯醚椰油酸酯，搅拌至完全溶解，加入异丙醇和二乙二醇单乙醚，搅拌均匀后，再加入染料和氨水，最后加入香料，搅拌后即可灌装。

用途：普通玻璃的清洗。

用法：将上述清洗液用自来水稀释至适当浓度后使用。

配方 2

特点：润湿性好，清洁能力强，碱性弱，不伤皮肤。

配方：

原料名称	用量/%	原料名称	用量/%
丙二醇正丁醚	4.0	香精	0.01
丙二醇单甲醚	5.0	染料	适量
单乙醇胺	0.4	柠檬酸	适量(调节 pH=
$C_{12}\sim C_{14}$烷基硫酸盐	0.6		10.5~11.0)
硫酸镁	0.1	去离子水	补足100

制法：将去离子水加入到混合釜中，加入 $C_{12}\sim C_{14}$ 烷基硫酸盐，搅拌完全溶解；加入丙二醇正丁醚、丙二醇单甲醚混匀；然后，加入硫酸镁搅拌溶解；再依次加入单乙醇胺和柠檬酸，搅拌至柠檬酸完全溶解，调节 pH=10.5~11.0；最后加入染料和香精，搅拌均匀即得到成品。

用法：用自来水稀释至适当浓度后使用。

5.11.2 玻璃清洁剂（喷射使用）

配方 1

特点：喷射使用型玻璃清洁剂，携带方便，喷后玻璃易于擦洗干净。

配方：

原料名称	用量/份		
	例1	例2	例3
异丙醇	25.0	35.0	64.2
丁基卡必醇	7.5	—	—
烷基硫酸盐	0.3	—	—
Tween80	0.9	—	—
Span80	0.6	—	—
喷射剂(异丁烷)	1.7	4.0	5.0
33%氢氧化铵	—	1.0	—
壬基酚聚氧乙烯醚	—	0.3	0.5
硅酮油	—	—	0.2
香精	—	0.05	0.1
去离子水	补足100	补足100	补足100

制法：将除喷射剂的所有组分混合均匀后，与喷射剂一起压入储罐中即得到喷射型玻璃清洗剂。

用途：特别适用于高空、曲面等难以擦洗处玻璃的清洗。

用法：将玻璃清洗剂喷在欲清洗玻璃的表面，待清洗液完全润湿玻璃表面的污垢后，将玻璃擦洗干净或用自来水清洗干净。

配方 2

特点：携带、使用方便，用量少，对玻璃表面油脂、污垢等的清洁效果好。

配方：

原料名称	用量/%	原料名称	用量/%
癸基氧化胺	0.5	异丙醇	15.0
辛基-辛酰基烷基甜菜碱	0.1	染料	0.01
氨水	0.1	香料	0.05
亚氨基双琥珀酸钠	0.1	去离子水	补足100

制法：首先，将去离子水加入到搅拌釜中，然后投入癸基氧化胺、辛基-辛酰基烷基甜菜碱、亚氨基双琥珀酸钠搅拌至完全溶解，加入异丙醇和氨水，搅拌均匀，最后加入染料、香料搅拌至完全溶解，即得到玻璃清洗剂。

用途：用于玻璃用品的清洗。

用法：将玻璃清洗剂加入带有喷头的储罐中，喷涂于玻璃表面，等到清洗液完全润湿玻璃表面及其污垢后，用清水冲洗玻璃表面，或用抹布、报纸等擦拭干净。

5.11.3 风挡玻璃清洁剂

配方1

特点：低VOC配方的清洗液，清洗后风挡玻璃的残留物少、清晰度高。

配方：

原料名称	用量/份	
	例1(夏天配方)	例2(冬天配方)
二丙二醇正丙醚	5.0	5.0
异丙醇	8.0	25.0
丙二醇	—	8.0
聚醚(Pluronic RPE 2520)	0.01	0.01
EDTA	0.01	0.01
染料	0.01	0.01
去离子水	补足100	补足100

制法：将二丙二醇正丙醚、异丙醇、丙二醇加入去离子水中，混匀后加入聚醚搅拌至完全溶解，然后依次加入EDTA和染料搅拌溶解，得到风挡玻璃清洁剂。

用途：玻璃水壶中的风挡玻璃清洗液。

用法：将清洗液灌入汽车玻璃水壶中，夏季配方凝固点为4℃，冬季配方凝固点为-22℃。

配方2

特点：本玻璃清洁剂渗透、润湿性强，且具有一定的防雾和润滑性能。

配方：

原料名称	用量/%	原料名称	用量/%
二丙二醇甲醚	5.0	十六烷基二苯醚二磺酸钠	0.05
丙二醇甲醚	5.0	去离子水	补足100
胶体硅胶	4.0		

制法：将配方中各组分加入去离子水中，搅拌均匀即得到产品。

用途：玻璃水壶中使用的风挡玻璃清洗液。

用法：直接灌入汽车玻璃水壶中使用。

配方 3

特点：对玻璃具有良好的清洁能力，一定的防雾性，同时不影响玻璃的透光性和反光性，使用安全。

配方：

原料名称	用量/%	原料名称	用量/%
十二烷基硫酸钠	5.0	乙醇	3.5
烷基磺基琥珀酸钠	2.0	三羟乙基甲基季铵甲基硫酸盐	0.2
丙二醇	25.0	苯甲酸钠	0.02
异丙醇	8.0	香精	0.01
十二醇	1.0	去离子水	补足100
乙二醇	5.0		

制法：在带搅拌器的搪瓷釜中加入去离子水及乙醇，在 15～25℃ 温度下，加入十二烷基硫酸钠和三羟乙基甲基季铵甲基硫酸盐，不断搅拌，使其全部溶解；然后，加入烷基磺基琥珀酸钠、丙二醇、十二醇、异丙醇、乙二醇及苯甲酸钠，使各组分充分混溶，静置后进行过滤，滤液中加入香精，混匀后即可出料包装。

用途：适用于汽车风挡玻璃的擦拭。

用法：使用时用普通喷洒装置，喷洒均匀，用布擦干即可。在低温下喷洒一次，可以使风挡玻璃 2～3d 不起雾。

5.11.4 浓缩风挡玻璃清洁剂

配方 1

特点：夏季风挡玻璃超浓缩配方，不含有机溶剂，低 VOC。

配方：

原料名称	用量/%	原料名称	用量/%
癸基氧化胺	25.0	二乙烯三胺五亚甲基膦酸钠	2.0
辛基-癸酰胺丙基甜菜碱	6.6	单乙醇胺	3.0
次氮基三乙酸三钠	3.0	去离子水	60.4

制法：搅拌下将所有组分加入去离子水中，搅拌至完全溶解即得到产品。

用途：夏季风挡玻璃的清洗液。

用法：稀释200倍后灌入汽车玻璃水壶，或用于风挡玻璃的擦拭。

配方2

特点：适用于冬季的浓缩玻璃水，生产工艺简单。

配方：

原料名称	用量/%	原料名称	用量/%
癸基氧化胺	0.5	乙二醇	10.0
辛基-癸基酰胺丙基甜菜碱	0.1	去离子水	19.4
异丙醇	70.0		

制法：将去离子水加入混合釜中，加入异丙醇和乙二醇混匀；再加入癸基氧化胺和辛基-癸基酰胺丙基甜菜碱搅拌均匀即得到冬季用浓缩汽车风挡清洗液。

用途：冬季汽车风挡玻璃的洗涤。

用法：按照原液：水的质量比为1：（1~4）的比例稀释后使用。

配方3

特点：配方简单，原料易得，但本配方中含高浓度醇，应该存在干冷处。

配方：

原料名称	用量/%	原料名称	用量/%
异丙醇	32.0	香料	0.05
月桂醇硫酸钠	2.5	染料	0.01
二乙二醇单丁醚	6.5	去离子水	补足100

制法：将异丙醇和二乙二醇单丁醚加入去离子水中搅拌均匀，再缓缓加入月桂醇硫酸钠搅拌直至均一，然后加入染料和香料，搅拌使其完全分散，即得到产品。

用途：稀释后可用于清洁玻璃表面或作为风挡玻璃溶液使用。

用法：按照原液：水的质量比为1：20的比例稀释后使用。

配方4

特点：低VOC的浓缩配方，且具有防污、抗污性能。

配方：

原料名称	用量/%
辛基-辛酰胺丙基甜菜碱	97.85
聚醚改性硅油（PEG/PPG-4/12 Dimethicone）	2.15

制法：将聚醚改性硅油在搅拌下缓慢加入辛基-辛酰胺丙基甜菜碱中，搅拌均匀即可。

用途：稀释后可用于汽车风挡玻璃的清洗。

用法：按照原液∶水的质量比为 4∶96 的比例稀释后使用。

5.11.5　疏水玻璃清洁剂

配方 1

特点：能有效清除玻璃表面污垢，同时赋予玻璃一定的拔水性。

配方：

原料名称	用量/%	原料名称	用量/%
乙基己基葡萄糖苷	0.1	异丙醇	12.0
脂肪醇聚氧乙烯甲基醚	0.15	染料	0.01
亚氨基双琥珀酸钠	0.05	香料	0.03
氨水	0.5	去离子水	补足 100

制法：在搅拌釜中注入去离子水，加入异丙醇，混匀；再加入乙基己基葡萄糖苷、脂肪醇聚氧乙烯甲基醚、亚氨基双琥珀酸钠搅拌至全部溶解；然后依次加入氨水、染料和香料，搅拌混匀，过滤，得到疏水玻璃清洁剂。

用途：玻璃表面的清洁与疏水。

用法：用清洁液润湿的海绵或抹布将玻璃表面润湿，等到污垢完全润湿后，再用抹布擦除污物，将玻璃表面擦干净。

配方 2

特点：清洗后玻璃表面干净无残留，赋予玻璃表面较好的防水性。

配方：

原料名称	用量/%	原料名称	用量/%
乙基己基葡萄糖苷	0.15	异丙醇	12.0
癸基氧化胺	0.5	染料、香料	适量
次氨基三乙酸钠	0.05	去离子水	补足 100
氨水	0.5		

制法：在搅拌釜中注入去离子水，加入异丙醇，混匀；再加入乙基己基葡萄糖苷和癸基氧化胺搅拌至全部溶解；然后，依次加入氨水、次氨基三乙酸钠、染料和香料，搅拌混匀，过滤，得到产品。

用途：玻璃表面的清洁与疏水。

用法：用清洁液润湿的海绵或抹布将玻璃表面润湿，等到污垢完全润湿后，再用抹布擦除污物，最后用蘸有清洁液的抹布将玻璃表面擦干净。

5.11.6　玻璃光亮剂

特点：能在玻璃表面留下一层硅油膜，使玻璃光亮、易于清洁。

配方：

原料名称	用量/%	原料名称	用量/%
低芳溶剂160#	25.0	石英/高岭土粉末	10.0
油酸	2.5	羟乙基纤维素	0.7
二甲基氨基乙醇	1.5	去离子水	56.3
二甲基硅油(350mPa·s)	4.0		

制法：在辅助混合器中低速搅拌下混合低芳溶剂160#、油酸、二甲基氨基乙醇和二甲基硅油；在主混合器中高速搅拌下混合去离子水和石英/高岭土粉末，混匀后将辅助搅拌器中的混合物缓慢加入主混合器中，高速剪切均匀，最后加入羟乙基纤维素搅拌均匀即得到产品。

用途：玻璃表面的清洁和光亮处理。

用法：用清洁液润湿的海绵或抹布轻轻擦拭玻璃表面，等到污垢完全润湿后，再用抹布擦除污物，将玻璃表面擦干净。

5.11.7 玻璃防雾剂

配方1

特点：防雾时间长，产品配方与生产工艺简单，设备要求低，易于生产。

配方：

原料名称	用量/%	原料名称	用量/%
有机硅聚醚(赢创5840)	1.0	去离子水	49.5
异丙醇	49.5		

制法：将异丙醇加入去离子水中，搅拌下加入有机硅聚醚，搅拌至体系透明均匀即得到产品。

用途：汽车、建筑物、家居等的玻璃防雾处理。

用法：在清洁干净的玻璃表面涂出一均匀薄层即可。

配方2

特点：配方中原料对人体无害，不污染环境，可在－30℃以上使用，温差50℃情况下不结霜，有效防雾时间长。

配方：

原料名称	用量/%	原料名称	用量/%
丙三醇	30	异丙醇	7
乙二醇	25	香精	1
乙醇	15	去离子水	补足100

制法：在混合釜中将上述配方中各组分混合均匀即可得到产品。

用途：汽车、轮船风挡玻璃和宾馆、饭店、餐厅、卫生间等的玻璃防雾处理。

用法：用海绵蘸取少许，均匀涂抹在玻璃上即可防雾防霜。

来源：CN1208063。

配方 3

特点：配方不仅具有防雾效果，还有抗静电和抗反光的效果。

配方：

原料名称	用量/%	原料名称	用量/%
十二烷基硫酸钠	1.0	乙二醇	10.0
丙酮	0.5	异丙醇	20.0
聚二甲基硅氧烷	0.1	去离子水	68.4

制法：将十二烷基硫酸钠溶于去离子水中，制成表面活性剂水溶液 A 组分；将聚二甲基硅氧烷溶解于丙酮中，制成 B 组分；将 A 组分、B 组分、乙二醇和异丙醇一起混合、搅拌均匀，即得到产品。

用途：用于光学玻璃的防雾。

用法：用镜头纸蘸取少量防雾剂，在光学玻璃表面涂均匀即可。

5.11.8　玻璃奶瓶清洁剂

配方 1

特点：天然生物除菌技术，渗透快、易分解，清洗、冲洗方便，无任何毒副、刺激作用。

配方：

原料名称	用量/%	原料名称	用量/%
脂肪酶	5.5	表面活性剂	3.5
胶原蛋白水解酶	4.5	快速渗透剂	4.5
脂肪酸甲酯磺酸盐	10.0	食用香精	5.5
小苏打	35.0	葡萄糖酸钠	8.0
柠檬酸	10.0	去离子水	补足100
蔗糖酶	5.5		

制法：将去离子水注入混合釜中，加入柠檬酸，搅拌至完全溶解；控制加料速度，缓慢加入碳酸氢钠（小苏打）搅拌至完全溶解；再加入脂肪酸甲酯磺酸盐、表面活性剂、快速渗透剂，搅拌分散均匀；然后，加入葡萄糖酸钠和香精搅拌均匀；最后加入脂肪酶、胶原蛋白水解酶和蔗糖酶，搅拌均匀后即得到奶瓶清洁剂。

用途：婴儿用玻璃奶瓶的清洗。

用法：取适量本品于奶瓶中，加入温水，浸泡适当时间后用力震荡，倒出清洗液，用温水震荡冲洗数次。

来源：CN104946443A。

配方 2

特点：对常见的有害微生物尤其是病菌有强烈的杀灭作用，无须添加防腐剂，低泡配方，便于冲洗，制备工艺流程简单。

配方：

原料名称	用量/%	原料名称	用量/%
海洋生物除菌剂	3.0	氯化钠	0.7
脂肪酸甲酯磺酸盐 MES	11.5	食用香精	0.3
烷基糖苷 APG	10.5	纯净水	补足100
柠檬酸钠	0.8		

制法：海洋生物除菌剂为多种海洋生物成分的复合物，其中羧甲基壳聚糖5.0份，海藻多糖8.0份，N-乙酰胞壁质聚糖水解酶4.0份。海洋生物除菌剂的制备方法如下：将所需的去离子水加热至30～35℃；按配比将羧甲基壳聚糖、海藻多糖加入水中搅拌15min，其间控制温度不超过35℃；然后加入N-乙酰胞壁质聚糖水解酶，搅拌5min，停止加热和搅拌，控制温度不超过35℃。奶瓶清洁剂的制备方法为：将纯净水加入反应釜中，加热至40℃，将柠檬酸钠加入并搅拌均匀；将脂肪酸甲酯磺酸盐 MES、烷基糖苷 APG 依次加入，搅拌30min，温度控制不超过45℃；当温度降至30℃时，加入海洋生物除菌剂，搅拌5min；加入氯化钠、食用香精搅拌均匀；输送至储存罐中降温、消泡，检测合格后分装。

用途：婴儿用玻璃奶瓶清洗。

用法：取本奶瓶清洗剂适量于奶瓶中，加入温水，浸泡适当时间后用力震荡或用干净毛刷仔细刷洗，倒出清洗液，用温水震荡冲洗数次。

来源：CN103173296A。

5.12 地毯毛毯洗涤剂

地毯已经在家庭、宾馆、办公楼、商场、医院等场所得到了推广使用。污垢，不管是松散的灰尘、糊状污垢还是油腻污垢，对地毯的耐用性和外观都起着副作用，因此需要使用专门的清洗剂进行特殊的清洗与保养。

由于地毯的材料（如羊毛、尼龙、合成纤维以及混纺材料）和品种不同，所处环境的差异以及地毯沾染污秽的不同，地毯洗涤剂的种类繁多，清洗方法又分为干洗和湿洗两种。除干洗剂外，一般分为高泡、低泡地毯清洗剂和去渍剂。其中，高泡地毯洗涤剂较为常用，产品有如下要求：

① 有较强的去污力，能洗涤、悬浮、漂净污垢，有助于吸尘器工作。

② 泡沫丰富、稳定性好，因为污垢抗再沉积能力、携污能力主要靠泡沫来实现。

③ 干燥快，能迅速干燥成细小的固体颗粒，洗后残留物必须为非油性物，

才能有效地防止再污染。

④ 性能温和，不影响地毯的使用寿命，洗后能恢复原来的光泽和地毯的弹性、柔软性。

⑤ 香味宜人，并能消除"湿地毯"的气味和霉味，还有一定的灭菌除臭和抗静电性能。

⑥ 液体有适当的黏度，溶解迅速。

地毯洗涤剂的组成与普通洗涤剂类似，但也有差别。它由表面活性剂、助剂、溶剂等组成，此外也可能含有吸附剂（载体）或成膜剂。其主要原料如下。

① 表面活性剂。表面活性剂是地毯洗涤剂的主要成分。高泡地毯洗涤剂的表面活性剂要求泡沫丰富、稳定性好、泡沫易干涸、净洗力强、残留物少。因此，常用阴离子表面活性剂如 AS、LAS、AES、SAS、AOS 等。酰胺型磺基琥珀酸酯钠盐与 AS 混合使用，可使吸附在纤维上的洗涤剂松脆，干燥时易于粉碎，能被有效除去。AS、LAS 的锂盐、镁盐也有类似作用。非离子表面活性剂 6501、OB_2 等，主要作为泡沫促进、稳定剂。

② 助剂。常用的有磷酸盐，如焦磷酸钠和焦磷酸钾，其作用是一方面提供碱性，增大去污力；另一方面促使干燥的残渣更加松脆。

③ 溶剂。常用的有低分子醇类或某些烃类化合物，其主要作用是解决某些表面活性剂、助剂不易除去的污垢。低分子醇类是增溶剂，但使用时必须小心，避免损害地毯。

④ 漂白组分。主要用于清除地毯上的常见色渍，如咖啡渍、葡萄汁、茶渍、肉汁等，一般加入漂白剂如双氧水等。

⑤ 杀菌剂与抗静电剂。杀菌剂可用氧化剂、阳离子表面活性剂等。抗静电剂可选用磷酸酯钠盐等。

此外，在地毯洗涤剂中加入树脂化合物，如聚丙烯酸钠、苯乙烯马来酸树脂、聚苯乙烯等，可以硬化残留物，防止地毯再污染。

5.12.1　地毯香波

配方 1

特点：外观透明，清洗效果好。

配方：

原料名称	用量/%	原料名称	用量/%
月桂醇硫酸钠	19.5	$C_{12}\sim C_{13}$脂肪醇聚氧乙烯(5)醚	1.9
月桂酰胺丙基甜菜碱	4.9	去离子水	67.3
柠檬酸钠	6.4		

制法：在混合釜中加入去离子水，搅拌下依次加入月桂醇硫酸钠、月桂酰胺

丙基甜菜碱、柠檬酸钠和 $C_{12}\sim C_{13}$ 脂肪醇聚氧乙烯醚，加入每一种组分均混合至透明，混匀所有组分，检测合格、过滤、包装得到地毯香波。

用途：机器洗涤地毯时的香波。

用法：取 1 份配方物，用水稀释至 70～130 倍，加于地毯香波机器使用。

配方 2

特点：具有去污渍和杀菌、消毒双重功能，可采用喷、刷等多种方式清洗地毯。

配方：

原料名称	用量/%	原料名称	用量/%
十二烷基硫酸钠	12.0	羧甲基纤维素	0.4
椰子油酸烷醇酰胺	3.0	微细一水氧化铝	0.6
脂肪醇聚氧乙烯(9)醚	2.0	香精	适量
异丙醇	3.0	去离子水	补足 100
戊二醛	0.2		

制法：在带有搅拌器的搪瓷釜中加入去离子水，升温至 50～70℃，加入羧甲基纤维素，慢慢搅拌，使纤维素全部溶解后加入十二烷基硫酸钠搅匀；加入异丙醇、椰子油酸烷醇酰胺和脂肪醇聚氧乙烯（9）醚搅匀；再加入微细一水氧化铝粉充分搅匀，使之不发生沉淀；加入戊二醛和香精，冷却至室温后即可出料包装。

用途：地毯清洗。

用法：使用时直接用刷子蘸取少量本品刷洗地毯，也可将本品用适量水稀释后用刷子刷洗地毯。刷洗时产生的泡沫吸附污垢，干燥后变成粉末，然后用吸尘器或刷扫的方法除去吸附污垢的粉末。

5.12.2 气雾型地毯清洁剂

特点：能有效去除多种污渍，即喷即用，温和不伤布料，不伤皮肤。

配方：

原料名称	用量/%	原料名称	用量/%
水溶性丙烯酸聚合物(25%)	18.0	去离子水	57.4
十二烷基硫酸钠(29%)	15.5	异丁烷	1.6
一缩二丙二醇	7.5	香料	适量

制法：将水溶性丙烯酸聚合物、十二烷基硫酸钠、一缩二丙二醇和香料加入去离子水中，搅拌均匀，将此混合物与异丁烷按比例压入气雾型包装中得到产品。

用途：地毯、毛毯清洗，沙发靠背等的清洗。

用法：原液使用。

5.12.3 地毯清洁剂（蒸汽抽洗）

配方 1

特点：配方泡沫中等，可用于硬水。

配方：

原料名称	用量/%	原料名称	用量/%
焦磷酸钾	4	辛基磺酸钠	16
丙二醇甲醚	4	去离子水	补足 100

制法：将去离子水加入带有搅拌器的混合釜中，依次加入焦磷酸钠、丙二醇甲醚和辛基磺酸钠，搅拌至完全溶解，过滤，出料得到蒸汽抽洗用地毯清洁剂。

用途：地毯蒸汽抽洗时用的地毯清洁剂。

用法：按 1∶30 至 1∶130 的比例用水稀释使用。在配制、清洗过程中减少泡沫很重要，残余物易干燥成脆性粉末。

配方 2

特点：超低泡配方，洗后无残留痕迹。

配方：

原料名称	用量/%	原料名称	用量/%
辛基甜菜碱(或辛基酰胺丙基甜菜碱)	13.1	EDTA-4Na	1.0
脂肪醇聚氧乙烯醚	1.0	去离子水	补足 100

制法：将去离子水加入带有搅拌器的混合釜中，依次加入辛基甜菜碱、脂肪醇聚氧乙烯醚和 EDTA-4Na，加入每一种组分均混合至透明，检测合格后，过滤，出料得到蒸汽抽洗用地毯清洁剂。

用途：地毯、毛毯的蒸汽抽洗。

用法：每升水中加 30g 清洁剂，用于地毯蒸汽或热水抽吸机器，干后用吸尘器吸取。

5.12.4 无磷地毯清洁剂（蒸汽抽洗）

特点：具有良好的润湿与污垢乳化性能。

配方：

原料名称	用量/%	原料名称	用量/%
辛基磺酸钠	16.0	有机硅消泡剂	0.02
丙二醇甲醚	4.0	去离子水	补足 100
EDTA-4Na	4.0		

制法：依次将 EDTA-4Na、丙二醇甲醚、辛基磺酸钠和有机硅消泡剂加入去离子水中，加入每一种组分均混合均匀，混匀所有组分，检测合格、过滤、包

装，得到产品。

用途：地毯的抽洗清洁剂。

用法：按 1：30 至 1：130 的比例用水稀释，然后使用。

5.12.5　商用喷射-抽洗地毯清洁剂

特点：在 60℃ 以上具有极好的润湿性，能快速润湿，清洁的地毯干得更快。

配方：

原料名称	用量/%	原料名称	用量/%
焦磷酸钾	3.35	N-(1,2-二羧乙基)-N-	5.0
EDTA-4Na(40%)	0.5	十八烷基磺化琥珀酸四钠	
2-烷基咪唑啉两性表面活性剂,钠盐	12.8	去离子水	78.35

制法：将去离子水加入带有搅拌器的混合釜中，依次加入 EDTA-4Na、焦磷酸钾搅拌至完全溶解；然后加入 2-烷基咪唑啉两性表面活性剂和 N-（1,2-二羧乙基）-N-十八烷基磺化琥珀酸四钠搅拌均匀，得到地毯清洁剂。

用途：用于商业地毯抽洗清洗剂。

用法：按照每升水中加入 15g 清洁剂的比例，稀释后使用。

5.12.6　机器地毯清洁剂

特点：适用于机器清洗地毯。

配方：

原料名称	用量/%	原料名称	用量/%
二甲苯磺酸钠(40%)	6.5	羟甲基甘氨酸钠	0.15
N-辛基吡咯烷酮	1.0	染料、香料	适量
焦磷酸钾	7.5	磷酸	pH=7
一缩二乙二醇单丁醚	8.0	水	补足100
EDTA(38%)	0.5		

制法：在带有搅拌器的混合釜中加入计量的水，搅拌下加入二甲苯磺酸钠、焦磷酸钾和羟甲基甘氨酸钠，搅拌至完全溶解；然后加入 N-辛基吡咯烷酮、一缩二乙二醇单丁醚、EDTA、磷酸，搅拌均匀；最后加入染料和香料搅拌均匀；检验合格后过滤、出料，得到机器地毯清洁剂。

用途：使用机器清洁地毯的清洁剂。

5.12.7　擦洗地毯清洁剂

配方 1

特点：不含挥发性溶剂，低 VOC。

配方：

原料名称	用量/%	原料名称	用量/%
三乙醇胺	6	椰油二乙醇酰胺	8
脂肪醇聚氧乙烯聚氧丙烯醚	3	去离子水	补足100

制法：在带有搅拌器的混合釜中加入计量去离子水，加热至55℃，依次加入三乙醇胺、脂肪醇聚氧乙烯聚氧丙烯醚、椰油二乙醇酰胺，加入每一种组分均混合至透明，检测合格，过滤，出料，得到产品。

用途：地毯的擦洗清洁。

用法：1份清洁剂用4份水稀释后使用。

配方2

特点：能有效去除地毯上的污渍，抗黏结性能好，处理后的毯毛不会黏结在一起，并能散发出香味，同时还赋予地毯一定的防火性能。

配方：

原料名称	用量/份	原料名称	用量/份
纤维素	14.0	二甲基聚硅氧烷	0.2
碳酸钙	13.0	香料	0.35
碳酸氢钠	8.0	硅油	0.25
淀粉	1.7	氨丙基三乙氧基硅烷	0.022
氧化铝水合物	1.0	二氧化硅	0.3

制法：先将纤维素、碳酸钙、碳酸氢钠、淀粉和氧化铝水合物混合均匀，再加入二甲基聚硅氧烷、氨丙基三乙氧基硅烷和二氧化硅，混合均匀后加入香料和硅油，再次混合均匀即得到产品。

用途：用于地毯的干洗。

用法：用毛刷蘸取适量清洁剂于地毯上，刷除污渍后，用吸尘器吸取粉末。

来源：CN103695211A。

5.12.8 毛毯去渍剂

配方1

特点：清洁去污能力强，可用于人多重污区域毛毯的污渍去除。

配方：

原料名称	用量/%	原料名称	用量/%
二丙二醇甲醚	2.4	月桂基氧化胺	0.16
丙二醇甲醚	1.6	去离子水	补足100
月桂醇硫酸钠	1.5		

制法：在搅拌釜中加入去离子水，搅拌下依次加入二丙二醇甲醚、丙二醇甲醚、月桂醇硫酸钠和月桂基氧化胺，加入每一种组分均混合至透明，静置2h，检测合格，过滤，出料，得到产品。

用途：毛毯污渍的去除。

用法：用白毛巾吸干污渍，将原液喷射在污渍区域，直至渗透，然后用清水漂洗。如有需要可重复。

配方 2

特点：极好的松动地毯污渍、减轻污渍配方。

配方：

原料名称	用量/%	原料名称	用量/%
月桂基甜菜碱	3	过氧化氢(50%)	2
二亚乙基三胺五乙酸钠	2	去离子水	补足 100

制法：将混合器中加入去离子水、二亚乙基三胺五乙酸钠和月桂基甜菜碱混合，调节 pH 值为 3～4，然后加入过氧化氢，搅拌均匀后即得到产品。

用途：地毯的污渍去除。

用法：用纸巾或浅色清洁布吸干污渍，将去渍剂原液涂或喷于污渍上，停留几分钟后洗涤。按需反复应用，干燥后用吸尘器洗干净。

5.13 居家洗涤剂

5.13.1 汽车外车身清洗剂

配方 1

特点：能有效去除附着于车身的灰尘、泥土、油污等污垢，特别是对油脂的去除能力强，配方简单，经济性好。

配方：

原料名称	用量/%	原料名称	用量/%
氢氧化钠(50%)	5.4	防腐剂 HK-88	0.3
直链烷基苯磺酸钠	20.6	染料	0.01
椰油酰胺丙基氧化胺	10.0	去离子水	补足 100

制法：将去离子水加入混合釜中，加入氢氧化钠和直链烷基磺酸钠，调节 pH 值至 7.0～7.5，混合直至 pH 值稳定。加入椰油酰胺丙基氧化胺搅拌直至透明，再加入防腐剂和染料，混合至均匀，即得到产品。

用途：汽车车身的冲洗。

用法：把少量配方物加入桶中，加入水，混合均匀后再用海绵擦洗汽车，然后漂洗并擦干汽车。

配方 2

特点：提供丰富、稳定的泡沫。

配方：

原料名称	用量/%	原料名称	用量/%
$C_{14} \sim C_{16}$ 烯基磺酸钠	15	氯化钠	4
椰油酸二乙醇酰胺	4	去离子水	补足100
月桂醇聚醚(3)硫酸钠	10		

制法：将水加入容器中，搅拌下依次加入 $C_{14} \sim C_{16}$ 烯基磺酸钠、椰油酸二乙醇酰胺、月桂醇聚醚（3）硫酸钠和氯化钠，加入每一种组分均混合至透明，得到配方产品。

用途：用于车身污渍的去除。

用法：按照(1:30)～(1:100)的比例用自来水稀释配方产品，而后用于汽车车身的清洁。

配方 3

特点：气雾型清洗剂，在去除油性污垢的同时还具有一定的抛光功能。

配方：

原料名称	用量/份	原料名称	用量/份
聚二甲基硅氧烷	25.0	油酸	2.0
2-氨基-2-甲基-1-丙醇	0.5	氨	0.8
乙醇	7.0	去离子水	71.2
乙基己醇	22.0	液化石油气	15.0

制法：在乳化釜中加入 20 份去离子水，2-氨基-2-甲基-1-丙醇和氨，加热至 50℃搅拌均匀；然后加入聚二甲基硅氧烷和油酸混合物，搅拌形成胶体，再缓慢加入 51.2 份水，搅拌乳化，接着加入乙醇、乙基己醇混合均匀，装罐并压入液化石油气。

用途：汽车表面油性污垢与胶质的去除与抛光。

用法：将配方物喷于汽车表面，用干净的海绵或超细纤维毛巾擦除污垢，然后再用干净的毛巾抛光。

5.13.2 汽车发动机清洗剂

配方 1

特点：能有效去除发动机表面的油污，且不伤害发动机表面。

配方：

原料名称	用量/%	原料名称	用量/%
壬基酚聚氧乙烯醚-10	20	四氯乙烯	10
脂肪酸二乙醇酰胺	5	去离子水	补足100

制法：将去离子水加入带有搅拌器的乳化釜中，搅拌下依次加入壬基酚聚氧乙烯醚-10、脂肪酸二乙醇酰胺和四氯乙烯，搅拌均匀后即得到成品。

用途：用于汽车发动机表面油污的去除。

用法：将清洁剂用刷子或用抹布均匀涂抹在发动机表面，待其将油污彻底润湿后，用抹布擦干净即可。

配方 2

特点：对油污的清洗效果良好，洗后污垢易于冲洗，不腐蚀发动机金属部件。

配方：

原料名称	用量/%	原料名称	用量/%
烷基磺酸钠	7.0	烃(沸程 180～300℃)	28.0
烷基苯磺酸钠	12.0	氯化钠	0.9
混合异构醇(沸程 140～170℃)	14.0	去离子水	补足 100

制法：在带有搅拌器的乳化釜中依次加入去离子水、烷基磺酸钠、烷基苯磺酸钠搅拌均匀，然后加入混合异构醇和烃，分散均匀，最后加入氯化钠再次搅拌均匀后得到产品。

用途：汽车发动机表面油污的清洗。

用法：将配方物刷于发动机表面，充分刷洗，然后等待 5～15min，用清水冲洗发动机表面，并用抹布擦干。

5.13.3　轮胎清洁剂

配方 1

特点：经济型配方、良好的去污力、粉末产品，易于运输。

配方：

原料名称	用量/%	原料名称	用量/%
C_{12}～C_{15}仲醇聚氧乙烯醚-7	5	烷基苯磺酸钠(60%)	10
三聚磷酸钠	45	五水偏硅酸钠	30
磷酸三钠(无水)	10		

制法：在带有搅拌的混合釜中，将 C_{12}～C_{15}仲醇聚氧乙烯醚-7 和烷基苯磺酸钠混合均匀；再将混合物喷于加入搅拌机中的三聚磷酸钠上，然后加入磷酸三钠和五水偏硅酸钠，混合至呈自由流动粉末状态。

用途：轮胎表面的清洁。

用法：取 1～3 份粉末，用 130 份水溶解，用刷子刷于待清洗的轮胎表面，停留 30s，然后用高压水管清洗。

配方 2

特点：良好的污垢去除能力，并能使轮胎恢复光泽、亮度。

配方：

原料名称	用量/%	原料名称	用量/%
乙二醇单丁醚	5	碳酸钠	2
脂肪醇聚氧乙烯醚(MOA-7)	15	氨基硅油微乳液	5
异丙醇	35	去离子水	补足100

制法：先将去离子水加入带有搅拌器的乳化釜中，然后加入异丙醇、乙二醇单丁醚、碳酸钠和 MOA-7，搅拌均匀，最后加入氨基硅油微乳液搅拌均匀，得到成品。

用途：轮胎的清洁与上光。

用法：可原液使用，也可将原液稀释5～20倍使用，使用时用毛刷刷干净轮胎表面的污垢。

5.13.4 汽车冲洗及蜡清洁剂

配方1

特点：在具有清洗、去污效果的同时，能提供一定的漆面保养和上光效果。

配方：

原料名称	用量/%	原料名称	用量/%
烷基苯磺酸三乙醇胺	30.0	巴西棕榈蜡	1.0
N-十二烷基吡咯烷酮	2.0	染料	0.02
椰油酰二乙醇胺	2.0	香料	0.05
羟甲基甘氨酸钠	0.15	去离子水	补足100

制法：在乳化釜中加入去离子水，加热至60℃，搅拌下加入烷基苯磺酸三乙醇胺、N-十二烷基吡咯烷酮、椰油酰二乙醇胺搅拌至完全溶解；然后加入巴西棕榈蜡，快速搅拌2h制成乳液；降温至45℃以下，加入羟甲基甘氨酸钠、染料和香料搅拌均匀，得到产品。

用途：汽车表面污垢的去除，漆面上光。

配方2

特点：浓缩型，具有漆面上光、滋润效果的家用汽车清洗液。

配方：

原料名称	用量/%	原料名称	用量/%
椰油酰胺丙基氧化胺	29.0	己二醇	10.0
二油基咪唑啉硫酸甲酯胺	14.0	氨基硅油	0.4
壬基酚聚氧乙烯醚-9	30.0	去离子水	补足100

制法：在乳化釜中加入去离子水，搅拌条件下加入椰油酰胺丙基氧化胺和壬基酚聚氧乙烯醚-9混合至均匀；再加入己二醇和二油基咪唑啉硫酸甲酯胺，再次搅拌均匀；最后加入氨基硅油混合至均匀，即得到配方产品。

用途：家用汽车表面的冲洗上光。

用法：配方产品可稀释至固含量 20%～25%，灌装销售。使用时将活性物稀释至 1%～2%，用布擦或喷于汽车，然后用水漂洗。

5.13.5 木地板清洗剂

配方 1

特点：可有效清洁木面，同时保护木头、油漆、涂料的中性抛光层，产品易于降解。

配方：

原料名称	用量/%	原料名称	用量/%
脂肪酸二乙醇酰胺	20.0	水	补足 100
EDTA-4Na(39%)	2.5		

制法：在带有搅拌器的混合釜中加入水，加热至 50℃，加入 EDTA-4Na，搅拌至完全溶解，搅拌下缓缓加入脂肪酸二乙醇酰胺，继续搅拌至清澈、均一，得到产品。

用途：木地板表面的清洁与保护。

用法：取配方物，以 1：(32～64)的比例溶于温水中使用，洗后用清洁、干燥的布擦干表面。

配方 2

特点：具有良好的清洗效果，可以有效除去复合木地板表面的油渍及污渍等，不损伤木地板。

配方：

原料名称	用量/份	原料名称	用量/份
十二烷基硫酸钠	3	硅酸铝镁	1
N-月桂酰基肌氨酸钠	6	水	80
聚氧乙烯山梨醇单硬脂酸酯	4		

制法：在带有搅拌器的混合釜中加入水，升温至 45℃，搅拌下依次分批加入十二烷基硫酸钠、N-月桂酰基肌氨酸钠、聚氧乙烯山梨醇单硬脂酸酯和硅酸铝镁，搅拌均匀，得到配方产品。

用途：复合木地板的清洗。

用法：用干净的抹布蘸取适量配方物，擦在待清洁的木地板表面，反复擦拭，直至污物完全去除，然后用干净抹布将污物擦除即可。

5.13.6 地板砖光亮剂

配方 1

特点：聚合物保护成分，光亮效果好，持久时间长，对表面无腐蚀。

配方：

原料名称	用量/%	原料名称	用量/%
苯乙烯丙烯酸酯分散液(40%)	40.0	非离子表面活性剂1360	0.2
聚乙烯蜡乳液	10.0	氨水	调 pH=8
二乙二醇单乙醚	4.0	防腐剂华科88	0.05
三丁氧基乙基磷酸酯	2.5	去离子水	补足100
羟基硅油乳液(30%)	1.0		

制法：在乳化釜中加入计量的去离子水，快速搅拌下依次加入苯乙烯丙烯酸酯分散液、聚乙烯蜡乳液、二乙二醇单乙醚、三丁氧基乙基磷酸酯、羟基硅油乳液、非离子表面活性剂1360，搅拌均匀，用氨水调节 pH=8.0，加入防腐剂华科88搅拌均匀，静置、过滤、出料、灌装，得到产品。

用途：地板的抛光。

用法：用干净抹布蘸取适量产品，擦拭清洗后的地板表面，涂抹均匀光亮，得到所需效果即可。

配方2

特点：增光效果好、高温防黏、可有效抗划痕。

配方：

原料名称	用量/%	原料名称	用量/%
巴西棕榈蜡乳液(40%)	25.0	三丁氧基乙基磷酸酯	0.3
丙烯酸酯乳液(50%)	5.0	防腐剂	0.3
聚醚有机硅(表面张力21mN/m)	0.3	去离子水	补足100

制法：将计量的去离子水加入乳化釜中，快速搅拌条件下依次加入巴西棕榈蜡乳液、丙烯酸酯乳液、聚醚有机硅和三丁氧基乙基磷酸酯混匀，然后加入防腐剂搅拌均匀，得到配方产品。

用途：地板上光。

用法：使用方法同5.13.6中配方1。

5.13.7 地板脱蜡剂

配方1

特点：具有杰出的润湿、洗涤能力，易于清洗。

配方：

原料名称	用量/%	原料名称	用量/%
两性表面活性剂JEC	3.0	偏硅酸钠	2.0
焦磷酸钾	5.0	丙二醇丙醚	1.0
氢氧化钾	3.2	去离子水	补足100

制法：在混合器中加入去离子水，搅拌条件下加入丙二醇丙醚和两性表面活

性剂 JEC，搅拌至完全溶解，然后依次加入焦磷酸钾、偏硅酸钠、氢氧化钾，加入每一种组分均混合至透明，得到配方产品。

用途：地板重新上蜡前旧蜡的脱除。

用法：将本品原液或稀释液均匀喷淋于蜡面，浸泡 5～10min，在干涸前，配合刷地机、百洁垫清除蜡层，并用吸水机将污水和蜡质残留物吸除，用干净拖把拖净，待地面干透后即可上蜡。

注意事项：本品属强碱性配方，可能腐蚀皮肤，请戴耐碱性手套使用，严禁吞服，避免接触食物和眼睛，若不慎触及，应立即用大量清水冲洗然后就医。

配方 2

特点：对蜡质的溶解、清洗能力好，无碱配方，不伤手。

配方：

原料名称	用量/%	原料名称	用量/%
焦磷酸钾	5	椰油酸二乙醇酰胺	4
五水偏硅酸钾	5	磷酸酯高碱助溶剂	4
单乙醇胺	4	十二烷基苯磺酸	3
乙二醇丁醚	3	去离子水	补足 100

制法：在乳化釜中加入足量去离子水，搅拌下依次加入焦磷酸钾、五水偏硅酸钾，搅拌至完全溶解；再加入单乙醇胺和乙二醇丁醚，搅拌混合均匀；然后，再依次加入椰油酸二乙醇酰胺、磷酸酯高碱助溶剂、十二烷基苯磺酸，加入每一种组分均混合至均匀，得到配方产品。

用途：地板上蜡前旧蜡的脱除。

用法：按照 15～30g/L 的浓度用自来水稀释后，将本品均匀喷淋于地板表面，待脱蜡剂挥发完全前，配合刷地机、百洁垫清除蜡层，并用吸水机将污水和蜡质残留物吸除，拖净，待地面干透后即可上蜡。

5.13.8 家具上光剂

配方 1

特点：液体配方，使用方便，光亮感强，不粘手。

配方：

原料名称	用量/份	原料名称	用量/份
巴西棕榈蜡	10.0	硬脂酸	8.0
蜂蜡	4.0	三乙醇胺	4.8
纯矿地蜡	4.0	去离子水	200.0
石脑油	80.0		

制法：在乳化釜中加入巴西棕榈蜡、蜂蜡、纯矿地蜡和硬脂酸，加热熔化，当温度上升到 90℃时，加入三乙醇胺，再慢慢加入石脑油使溶液保持透明，在

剧烈搅拌下加入沸水，以获得良好的乳状液，然后慢慢搅拌，直至溶液冷却至室温得到产品。

用途：家具的上光。

用法：用洁净的布或海绵蘸取适量本品，均匀涂抹在清洁后干净的家具表面，反复擦拭，直至均匀，并表现出光泽感。

配方2

特点：制作简单，乳液稳定性强，含硅聚合物配方，家具光亮感强、效果持久。

配方：

原料名称	用量/%	原料名称	用量/%
聚硅氧烷乳液 SM2133	4.0	三乙醇胺	0.2
聚硅氧烷乳液 SM2135	2.0	杀菌剂(华科88)	0.05
蜡乳液	2.5	去离子水	补足100
卡波 934	0.2		

制法：在混合釜中加入去离子水、杀菌剂和卡波934，搅拌下溶解卡波；加入三乙醇胺混合至均匀；低速搅拌下加入聚硅氧烷乳液和蜡乳液搅拌至均匀即得到配方产品。

用途：家具的上光。

用法：首先，将家具表面清洁干净；然后，用干净的布或海绵蘸取适量配方产品均匀涂抹于家具表面；最后，用超细纤维毛巾进行抛光。

5.13.9 隐形眼镜清洁剂

配方1

特点：有效的消毒、杀菌功能，清洗后的隐形眼镜佩戴舒适性强。

配方：

原料名称	用量/%	原料名称	用量/%
硼酸	0.4	聚醚 L-84	0.1
硼砂	0.04	山梨酸钠	0.1
EDTA-2Na	0.1	海藻糖	1.0
氯化钠	0.6	去离子水	补足100
氯化钾	0.15		

制法：将去离子水加入混合器中，搅拌下依次加入硼酸、硼砂、EDTA-2Na、氯化钠、氯化钾、聚醚 L-84、山梨酸钠、海藻糖，每种原料搅拌至完全溶解，溶液透明后再加下一原料，静置、过滤、灌装，得到配方产品隐形眼镜清洁剂。

用途：隐形眼镜的清洗，保存。

用法：将隐形眼镜完全浸泡在配方清洁剂中，使用时取出佩戴。

配方 2

特点：具有清洁消毒、保存和润滑功能的多功能性清洗液。

隐形眼镜清洁剂配方：

原料名称	用量/%	原料名称	用量/%
氯化钾	0.3	预溶液	0.01
甘露醇	0.5	纯水	补足100
磷酸盐	1.89		

预溶液配方：

原料名称	用量/%	原料名称	用量/%
新鱼腥草素钠	0.4	β-环糊精	10.0
聚六亚甲基双胍	0.4	羟丙基-β-环糊精	50.0
丙二醇	2.0	纯水	补足100

制法：将新鱼腥草素钠和聚六亚甲基双胍在丙二醇中分散，常温搅拌 2～4h，然后再将搅拌液投入环糊精的水溶液中搅拌 2～4h，制成预溶液，待用。将氯化钾、甘露醇和磷酸盐溶于纯水中，按照配比加入预溶液，常温搅拌 1～2h，测试溶液的酸碱值和渗透压值，最后经绝对除菌过滤后装入无菌瓶中使用。

用途：隐形眼镜的清洗、消毒、保存。

用法：将隐形眼镜完全浸泡在配方清洁剂中，使用时取出佩戴。

来源：CN101524554B。

5.13.10 皮衣清洁剂

配方 1

特点：具有良好的润湿性和去垢能力，能有效清除皮革表面的咖啡、葡萄酒、水果等形成的污垢，并且能够赋予皮衣一定的香味。

配方：

原料名称	用量/%	原料名称	用量/%
DTPMP 钠盐	2.5	乳酸	0.6
三乙醇胺	0.6	香精	0.3
月桂醇醚磺基琥珀酸二钠	6.0	去离子水	补足100
蓖麻酸锌	1.0		

制法：将去离子水加入乳化釜中，搅拌下依次加入 DTPMP 钠盐、三乙醇胺、月桂醇醚磺基琥珀酸二钠、蓖麻酸锌，每种原料搅拌至完全溶解均匀，再加下一原料。搅拌过程中，溶液可能出现暂时的浑浊。当溶液完全透明后，加入乳酸和香精，搅拌均匀。

用途：皮衣表面污垢的清理。

用法：用湿布轻轻擦拭皮革表面，然后蘸取适量本产品于皮衣表面，涂抹均匀，等待 5～10min，使其完全润湿皮衣表面的污垢，然后用干净的布擦去皮衣表面的残留物。

配方 2

特点：可使皮革表面富有光泽和良好的防霉效果。

配方：

原料名称	用量/%	原料名称	用量/%
蜂蜡	15.0	白油	20.0
硬脂酸	3.0	Span60	2.0
巴西棕榈蜡	10.0	Tween60	2.0
石蜡	18.0	防霉剂 Bo	0.2
棕榈酸异丙酯	6.0	去离子水	补足 100

制法：在带有搅拌、加热装置的乳化釜中，加入蜂蜡、硬脂酸、巴西棕榈酸、石蜡、棕榈酸异丙酯、白油、Span60 和 Tween60，不断搅拌下加热至 75～90℃，待所有物料熔化，且搅拌均匀，在快速搅拌下加入 75℃ 的热水，保温搅拌 1h，降温至 70℃，加入防霉剂 Bo，快速搅拌使其分散均匀，即可出料灌装于包装中。

用途：皮革表面的上光与防霉。

用法：使用时取本品适量涂于皮革面上，然后用布反复擦拭，直至出现光泽、亮度不再增加。

5.13.11 塑料清洁剂

配方 1

特点：能有效清除塑料表面的污渍，恢复原有的外观。

配方：

原料名称	用量/%	原料名称	用量/%
五水偏硅酸钠	1.0	防腐剂(华科 88)	0.05
二丙二醇甲醚	2.5	染料	0.01
椰油酰胺丙基甜菜碱	3.0	去离子水	补足 100

制法：在乳化釜中，将去离子水、五水偏硅酸钠和椰油酰胺丙基甜菜碱混合至均匀，然后加入二丙二醇甲醚混合均匀，再加入染料和防腐剂，搅拌至均匀即得到配方产品。

用途：用于清洁塑料和乙烯基汽车内表面。

用法：用喷射瓶将本品喷于汽车塑料表面，然后用布抹干净。需注意本品的 pH 值为 12～13，使用时应佩戴手套，并注意防护。

配方 2

特点：去污效果好，且能维持塑料表面的光泽。

配方：

原料名称	用量/%	原料名称	用量/%
硬脂酸	7.0	三氧化二铝	30.0
十二烷基磺酸钠	1.0	2-(2-羧基-3,5-二叔戊基苯基)苯并三唑	0.7
羧甲基纤维素钠	1.0	去离子水	补足100

制法：将硬脂酸、十二烷基磺酸钠和羧甲基纤维素钠加入乳化釜中，加热至75～80℃，搅拌、混合均匀，加入三氧化二铝混合均匀，然后细流加入75℃的去离子水，快速搅拌，分散均匀，最后加入2-（2-羧基-3,5-二叔戊基苯基）苯并三唑，搅拌均匀，得到配方产品。

用途：专门用于塑料产品的清洗。

用法：用布蘸取适量产品，直接擦洗塑料表面，或者将塑料制品（包括有机玻璃）放入清洁剂中浸泡1～2min，取出后用抹布擦干净。

5.13.12　不锈钢清洗剂

配方1

特点：润湿性强，易于除去不锈钢表面的颗粒污垢。

配方：

原料名称	用量/%	原料名称	用量/%
氢氧化钠(50%)	18.0	烷基二苯醚二磺酸钠	2.0
葡萄糖酸钠	2.0	去离子水	补足100
丙二醇甲醚	5.0		

制法：在混合器中注入去离子水，搅拌下依次加入氢氧化钠、葡萄糖酸钠、丙二醇甲醚和烷基二苯醚二磺酸钠，每一种原料搅拌至完全溶解，且溶液透明后再加入下一种。全部原料加入，且搅拌至体系完全透明即得到配方产品。

用途：不锈钢表面污垢清理。

用法：将产品溶液喷涂或刷在不锈钢表面，10～30min后用清水冲洗干净，晾干。也可将不锈钢浸泡于产品溶液中10～30min，取出用清水冲洗干净，晾干。

配方2

特点：去除不锈钢表面污渍、斑点，恢复其原有的光泽。

配方：

原料名称	用量/%	原料名称	用量/%
脂肪醇聚氧乙烯醚	2.0	氨水(28%)	2.73
硅胶(粒径2μm)	15.0	色料	0.01
硅藻土	1.0	防腐剂	0.03
汉生胶	0.5	香精	0.01
草酸	3.5	去离子水	补足100

制法：在乳化釜中加入去离子水，搅拌下加入防腐剂，并加热至60℃，搅匀；依次加入硅胶、硅藻土、汉生胶、脂肪醇聚氧乙烯醚搅拌冷却至室温，再加入草酸、氨水、色料和香精，用氨水或草酸调节pH值为3.5～4.0，得到配方产品。

用途：不锈钢器件的清洁和擦亮。

用法：用干净的布蘸取本品适量于待清洁的不锈钢表面，反复擦拭，直至污垢去除，并表现出原有的光泽，再用布将不锈钢表面配方物擦除，用清水冲洗干净。

5.13.13 铝制品清洁剂

配方1

特点：良好的润湿、洗涤和高起泡性能，具有增白铝表面的效果。

配方：

原料名称	用量/%	原料名称	用量/%
盐酸(37%)	30	月桂亚氨基二丙酸二钠	12
磷酸(85%)	30	去离子水	补足100

制法：将去离子水加入到搪瓷乳化釜中，搅拌下徐徐加入盐酸和磷酸，然后加入月桂亚氨基二丙酸二钠，混合均匀即可。

用途：铝材表面的清洗。

用法：按照1∶30的比例用水稀释配方产品，将铝材放入稀释液中浸泡5～15min，取出用刷子刷去表面污渍，用清水冲洗干净。

配方2

特点：配方简单，易于制作，中性，不伤手。

配方：

原料名称	用量/%	原料名称	用量/%
椰油两性二丙酸二钠	7.5	去离子水	88.0
五水偏硅酸钠	4.5		

制法：将椰油两性二丙酸二钠和五水偏硅酸钠加入去离子水中，升温至50℃，搅拌至透明即可。

用途：铝材表面的清洗，特别适用于油污的清洗。

用法：用干净的布蘸取适量配方产品直接擦拭需要清洁的铝材表面，或将配方产品按照1∶(3～5)的比例用水稀释后，将铝件浸泡其中10～30min，取出后用清水冲洗干净。

配方 3

特点：具有良好的洗涤性能，泡沫较少，易于冲洗。

配方：

原料名称	用量/%	原料名称	用量/%
脂肪酸酯聚氧乙烯醚 SG-10	4.0	三乙醇胺	0.5
椰油酰二乙醇胺	4.0	去离子水	补足 100
乙二胺四乙酸钠	1.0		

制法：将去离子水加入乳化釜中，加热至 50℃，搅拌下加入乙二胺四乙酸钠和三乙醇胺，搅拌至完全溶解，再依次加入 SG-10 和椰油酰二乙醇胺搅拌至完全混匀，得到配方产品。

用途：铝制炊具的清洗。

用法：取适量配方物用水稀释，将铝制容器浸泡其中适当时间，取出后用清水冲洗干净。

5.13.14　银器清洁剂

配方 1

特点：去除银器件表面污垢，使银器光亮如新。

配方：

原料名称	用量/份	原料名称	用量/份
碳酸钠	2.0	硅藻土	227
硬脂酸	28.0	水	355
磷酸钠	2.0		

制法：将水注入混合釜中，加入硬脂酸，加热至完全熔化，再加入碳酸钠、磷酸钠和硅藻土，搅拌成均匀糊状即得到配方所述产品。

用途：本品用于擦洗银器表面，可使银器光亮如新。

用法：用软布或海绵蘸取适量本品，用于银器表面的擦洗，但不要用力过猛，以免造成银的磨损。

配方 2

特点：液体振动型银器清洁剂，去污力强，可使银器光泽持久。

配方：

原料名称	用量/份	原料名称	用量/份
二硫代双硬脂酰丙酸盐	5.0	皂土	1.0
月桂基聚氧乙烯(4)醚	2.5	对羟基苯甲酸甲酯	0.1
辛基酚聚氧乙烯(10)醚	2.5	去离子水	补足 100
无水硅酸铝	17.5		

制法：将去离子水加入混合器中，加入月桂基聚氧乙烯（4）醚和辛基酚聚氧乙烯（10）醚搅拌至完全溶解，且体系均匀；加入二硫代双硬脂酰丙酸盐和对羟基苯甲酸甲酯搅拌溶解；再加入无水硅酸铝、皂土搅拌均匀，即可得到产品。

用途：用于银器表面的清洁。

用法：将银器放入装有配方产品的封闭盒子中，轻轻摇动适当时间，取出后，擦干净银器表面。

参 考 文 献

[1] 唐育民.合成洗涤剂及其应用.北京：中国纺织出版社，2006.

[2] 徐宝财，周雅文，韩福.洗涤剂配方设计6步.北京：化学工业出版社，2010.

[3] 廖文胜.洗涤剂原料及配方精选.北京：化学工业出版社，2006.

[4] 廖文胜.液体洗涤剂——新原料·新配方.北京：化学工业出版社，2001.

[5] 毛培坤.表面活性剂产品工业分析.北京：化学工业出版社，2002.

[6] 中国洗涤用品工业协会科学技术专业委员会，中国日用化学工业信息中心.常用洗涤剂配制技术.
     北京：化学工业出版社，2003.

[7] 徐宝财，周雅文，王洪钟.洗涤剂配方工业手册.北京：化学工业出版社，2006.

[8] 金建中.制皂工艺.北京：中国轻工业出版社，2006.

[9] Fereidoon Shahidi.贝雷油脂化学与工艺学.第6版.王兴国，金青哲，译.北京：中国轻工业出版
     社，2016.

[10] 赵国玺，朱珍瑶.表面活性剂作用原理.北京：中国轻工业出版社，2003.

[11] 毛培坤.新机能化妆品和洗涤剂——方法与配制.北京：中国轻工业出版社，1993.

[12] 李东光，翟怀凤.实用化妆品制造技术.北京：金盾出版社，1998.

[13] 化妆品生产新技术新工艺新配方与国际通用管理标准实用手册编委会.化妆品生产新技术新工艺新
     配方与国际通用管理标准实用手册.长春：吉林科学技术出版社，2004.

[14] 唐冬雁，刘本才.化妆品配方设计与制备工艺.北京：化学工业出版社，2003.

[15] 朱洪发.精细化工产品配方与制造：第6册.北京：金盾出版社，2000.

[16] 梁亮.精细化工配方原理与剖析.北京：化学工业出版社，2007.

[17] 刘程.表面活性剂应用大全.北京：北京工业大学出版社，1992.

[18] 董银卯.化妆品配方设计与生产工艺.北京：中国纺织出版社，2007.

[19] 赵国玺.表面活性剂物理化学.北京：北京大学出版社，1991.

[20] 季耿善.关于水域富营养化及对我国洗涤剂"禁磷"的讨论.中国环保产业，2007，14（11），
     9-11.

[21] 周升.浓缩洗涤剂市场观览.日用化学品科学，2007，30（10）：34-36.

[22] 李斌.全球衣物洗涤剂浓缩化进展.日用化学品科学.2010，33（4）：1-3.

[23] 查青青，于文.洗涤剂市场现状及发展趋势.日用化学品科学，2011，34（10）：1-4.

[24] 刘云，张军，孙玉娥.21世纪洗涤剂的发展趋势和面临的挑战.日用化学品科学，2000，23（s1）：
     146-150.

[25] 周德藻.对发展我国浓缩洗衣粉的几点看法.中国洗涤用品工业，2015（5）：91-98.

[26] 梁梦兰，薛卫星.洗衣粉的发展趋势.日用化学品科学，2001，24（2）：28-29，33.

[27] 胡敏.走向绿色的洗涤剂工业.日用化学品科学.2012，35（10）：10-12.

[28] 聂珊珊，于文.绿色洗涤剂环境标志认证及发展趋势.日用化学品科学，2012，35（1）：1-3.

[29] 战佩英.洗涤剂与环境保护.通化师范学院学报，2005，26（2）：43-46.